打不破的30個人生定律

宋學軍◎著

墨菲定律
海格力斯效應
華盛頓合作定律
破窗理論 酒與汙水定律
異性效應 理
木桶定律
海格力斯效應 選擇效應 互動倫效應 250定律 鯰魚
青蛙效應 磨菇定律 羊群效應

奧卡姆剃刀定律
帕金森定律

©文經社

　　世上有無數個經典定律，經過時間的考驗、事實的淬煉，證明它們確實是可用而且好用，多少名人因此功成名就，受益一生。這些神奇的定律、法則、效應廣為流傳，風靡全世界。它們蘊含極為豐富深刻的思想內涵，閃爍著人類智慧的光芒，已讓許多人獲益匪淺。但就是有人渾渾噩噩，一再失敗也學不到教訓；有人積極活用，左右逢源，終生受惠；更有人不信邪，想逆其道而行，挑戰這些定律……事實勝於雄辯，無論是做人還是做事，無論是為官還是經商，都需要它們醍醐灌頂，亮照靈台。掌握了這些人生定律、黃金法則可以改變我們舊有的思維，改變我們的格局與命運。

　　我們一直生活、工作在這些定律裡，無時無刻不受其影響和指導，由下面例子便可窺知一二。

　　為什麼很多人工作非常賣力，卻無法達到預期的效果或者收效甚微？這可以用二八法則來應對：通常我們所做的工作80％都是無用的，只有20％有效果。如何避免這種情況發生？二八法則告訴我們，要把主要精力放在20％的工作上，讓其產生80％的成效。此外，我們還可以用奧卡姆剃刀定律來分析和解決這個問題。奧卡姆剃刀定律認為，在我們做過的事情中，可能絕大部分是毫無意義的，真正有效的只是其中一小部分，而它們通常隱含於繁瑣的事物中。找出關鍵，去掉多餘，成功就由複雜變簡單了。

　　為什麼很多人情緒低迷，毫無鬥志，乃至平庸一生？這個問題可以用馬蠅效應來解釋和鞭策。馬蠅效應認為，沒有馬蠅叮咬，馬就會慢慢騰騰，走走停停；如果有馬蠅叮咬，馬就不敢

怠慢，跑得飛快。也就是說，人是需要一根鞭子的，只有被不停地抽打，才不會鬆懈，才會努力向前，不斷進步。這根鞭子是壓力，是挫折和困難，是危機意識。這一解釋不僅適用於個人，同樣也適用於企業管理。為什麼兩件同樣的商品放在一起，標價不同，反而貴的暢銷？這個問題可以用凡勃倫效應來說明。凡勃倫效應認為，一件商品的價格訂得越高，就越能受到消費者的注意與青睞。其實，他們購買這類商品的目的，並不僅僅是為了物質需要和享受，更大程度上是獲得心理的滿足。凡勃倫效應同時告訴我們：不要被事物的外表所蒙蔽，要警惕其華而不實，防止花費與收益出現嚴重偏差。

為什麼算命先生有時說得那麼準？難道他們真有未卜先知的能力嗎？當然不是。這可以用巴納姆效應來認知：人常常迷失在自我當中，很容易受到周圍資訊的暗示，並把他人的言行作為自己行動的參照，屢屢認為一種籠統的、一般性的人格描述十分準確地揭示了自己的特點。也就是說，算命先生所說的話是共通的，即對誰說都能有一定的準確性。人在特殊的情況下，就會無形中把被說中的部分擴大了，所以會覺得很準。對此，巴納姆效應一再提醒：要認識自己，相信自己，建立正確的人生觀，才不會被一些騙子所迷惑。

……

本書共介紹了破窗理論、彼得原理、墨菲定律、手錶定律、羊群效應、木桶定律、路徑依賴法則、蝴蝶效應等30個最值得參考與學習的金科玉律。這些定律和法則，已經過數十年、千百年歷史的實例驗證，數不清的成功人物運用其精妙掌握先機、趨吉避凶，所闡述的內容字字珠璣，句句箴言，是一部可以啟迪智慧、改變命運的人生枕邊書。無論我們是誰，從事什麼職業，身處什麼環境，都需要知道、了解這些看似簡單、實則深寓的黃金思維所賦予之啟示和意義。

目次 *Contents*

1 破窗理論

有人打破了一扇玻璃窗戶，而這扇窗戶又得不到及時的維修，其他人就可能受到某些暗示性的縱容，去打爛更多窗戶的玻璃。也就是說，這些破窗戶會給人造成一種無序的感覺，在這種公眾麻木不仁的氛圍中，犯罪就會滋生、成長。

2 彼得原理

管理學家勞倫斯‧彼得從大量失敗案例中總結出一項原理：「在一個等級制度裡，每個雇員都傾向於晉升到不能勝任的地位。」這就是著名的彼得原理，是關於層級組織最精闢的論述之一。

3 華盛頓合作定律

美國人喜歡把簡單的道理總結成定律，所以中國版的「三個和尚」就變成了美國版的「華盛頓合作定律」：一個人敷衍了事，兩個人互相推諉，三個人則永無成事之日。

4 帕金森定律

一個不稱職的主管，可能有三條出路，第一是申請退休，把位子讓

給能幹的人；第二是讓一個能幹的人來協助自己工作；第三是任用兩個程度比自己更差的人當助手。領導者往往都會選擇第三條路。

⑤ 250定律

　　世界最偉大的推銷員喬‧吉拉德在商戰中總結出了250定律。他認為，每一位顧客身邊，大概有250名親朋好友。如果你贏得了一位顧客的好感，就意味著贏得了250個人的好感；反之，如果你得罪了一名顧客，也就代表得罪了250名顧客。

⑥ 墨菲定律

　　「墨菲定律」源自於一名叫墨菲的美國上尉。他認為某位同事是個倒楣鬼，便不經意地說了句笑話：「如果一件事情有可能被弄糟，讓他去做就一定會弄糟。」後來這句話被引申發展，出現了一些其他的表達形式，比方說「如果壞事有可能發生，不管這種可能性多麼小，它總會發生，並引起最大可能的損失」，「會出錯的，終將會出錯」等。

7 蘑菇定律

蘑菇管理是許多組織對待新人的一種心態，他們被置於陰暗的角落（不受重視的部門，或做些打雜跑腿的工作），澆上一頭水肥（無端的批評、指責、代人受過），任其自生自滅（得不到必要的指導和提攜）。

8 手錶定律

只有一只手錶，可以知道是幾點，擁有兩只或兩只以上的手錶，卻無法確定是幾點；兩只手錶並不能告訴一個人更準確的時間，反而會讓看錶的人失去對準確時間的信心，這就是著名的手錶定律。

9 不值得定律

不值得定律最直接的表述是：不值得做的事情，就不值得做好。這個定律反映出人們一種心理：一個人如果從事的是一份自認為不值得的事情，往往會持冷嘲熱諷、敷衍了事的態度。不僅成功機率小，即使成功，也不會覺得有多大的成就感。

10 羊群效應

在群體活動中，當個人與多數人的意見和行為不一致時，個人往往會放棄自己的意見和行為 表現出與群體中多數人相一致的意見和行為方式。羊群效應表現了人類共有的一種從眾心理，而從眾心理很容易導致盲從，盲從則往往會使人陷入騙局或遭遇失敗。

11 酒與汙水定律

把一匙酒倒進一桶汙水裡，得到的是一桶汙水；如果把一匙汙水倒進一桶酒裡，得到的還是一桶汙水。

12 馬蠅效應

沒有馬蠅叮咬，馬慢慢騰騰，走走停停；有馬蠅叮咬，就不敢怠慢，跑得飛快，這就是馬蠅效應。馬蠅效應給我們的啟示是：一個人只有被叮著咬著（即督促、提醒）的時候，才不敢鬆懈，會努力拚搏，不斷進步。

13 馬太效應

馬太效應是指好的愈好，壞的愈壞；多的愈多，少的愈少；讓有的變得更富有，沒有的更加一無所有的一種現象。

14 二八法則

世界上充滿了神祕的不平衡：20％的人掌握80％的財富，20％的人集中了80％的人的智慧， 20％的人完成了80％的任務，20％的人管理著80％的股市……這就是二八法則。

15 木桶定律

盛水的木桶是由許多塊木板拼成的，盛水量多寡也是由這些木板共同決定的。若是其中一塊木板很短，則此木桶的盛水量就被短板所限制，這塊短板就成了這個木桶盛水量的「限制因素」（或稱「短板效應」）。若要使此木桶盛水量增加，只有換掉短板或將短板加長。

16 多米諾骨牌效應

有些可預見的事情最終出現要經歷一或兩個世紀的漫長時間，但它的變化已經從我們沒有注意到的地方開始了。在一個相互聯繫的系統中，一個很小的初始能量就可能產生一連串的連鎖反應，這就是多米諾骨牌效應。

17 鯰魚效應

一種動物，如果沒有對手，就會變得死氣沉沉；一個人，如果沒有危機感，就會甘於平庸，最終碌碌無為。一條鯰魚，能讓奄奄一息的沙丁魚生機蓬勃；一個不安分的想法，能讓一個人充滿激情……

18 路徑依賴法則

路徑依賴法則類似於物理學中的「慣性」，即一旦選擇進入某一路徑（無論是「好」的還是「壞」的），就可能對這條路產生依賴。某一路徑的既定方向會在以後的發展中得到自我強化，一個人過去做出的選擇決定了他現在及未來可能的選擇。

19 奧卡姆剃刀定律

在我們做過的事情中，可能絕大部分是毫無意義的，真正有效、有益的只是其中的一小部分，而它們通常隱含於繁雜的事物中。找到關鍵的部分，去掉多餘的枝節，成功就由複雜變得簡單了。

20 光環效應

我們對某人的一種特質或優點有較深刻、突出的印象，從而對這個人產生好感，就像月暈的光環一樣，向周圍彌漫、擴散，把他所有的特點都合理化，當成好的看待。

21 皮格馬利翁效應

積極的期望促使人們向好的方向發展，消極的期望則使人向壞的方向發展。有人將皮格馬利翁效應形象地總結為：「說你行，你就行；說你不行，你就不行。」意謂此種效應實際上是一種心理暗示的力量。

22 海格力斯效應

「以牙還牙，以眼還眼」，「以其人之道還治其人之身」，「你跟我過不去，我也讓你不痛快」，這就是海格力斯效應，是一種人際間或群體間存在的冤冤相報、致使仇恨愈來愈深的社會心理現象。

23 霍布森選擇效應

沒有選擇的餘地就等於前途無「亮」。一個人選擇了什麼樣的環境，就選擇了什麼樣的生活，想要改變就必須有更大的選擇空間。如果管理者用這個別無選擇的標準來約束和衡量員工，必將扼殺多樣化的思維，從而停止創造力與改革心。

24 巴納姆效應

人常常迷失在自我當中，很容易受到周圍資訊的暗示，並把他人的言行作為自己行動的參考；常常認為一種籠統的、一般性的人格描述十分準確地揭示了自己的特點。心理學上將這種傾向稱為「巴納姆效應」。

25 超限效應

一般說來，在強烈刺激的持續作用下，人的感覺會降低、遲鈍。刺激過多、過強和作用時間過久而引起心裡極不耐煩或反抗的心理現象，被稱為超限效應。

26 登門檻效應

人們都有保持自己形象一致的願望，如有助人、合作的言行，即便別人後來的要求有些過分，也會勉為其難接受。所以，希望他人接受一個很大的，甚至是很難的要求時，最好先從小要求開始，才比較容易讓他接受更高的要求。

27 凡勃倫效應

市場有這樣一個奇怪的現象：某些商品的價格訂得越高，就越能受到消費者的青睞。消費者購買這類商品的目的，並不僅僅是為了直接的物質享受，更大程度是滿足心理的需要。

28 青蛙效應

反應敏捷、警覺性很高的青蛙能夠自救於沸水，卻葬身於不斷升溫的水中很是耐人尋味。沸水鍋內的青蛙能夠成功逃生，是因為牠感覺到危險，務必要盡其本能及時自救。青蛙在溫水鍋內喪命，實際上是死於缺乏危機意識的麻木之中。

29 異性效應

在一個只有男性或女性的工作環境裡，儘管條件優越，然而不論男女，都容易疲勞，效率也不高。但如果是在異性面前，男性或女性都會非常愉快地完成那些在同性面前極不情願完成的工作，有時還表現得十分勇敢、機智。

30 蝴蝶效應

一隻亞馬遜河流域熱帶雨林中的蝴蝶，偶爾搧動幾下翅膀，兩周後，可能在美國德克薩斯州引起一場龍捲風。蝴蝶效應說明，事物發展的結果，對初始條件具有極為敏感的依賴性，一開始的極小偏差，將會引起結果的極大差異。

1 破窗理論

有人打破了一扇玻璃窗戶，而這扇窗戶又得不到及時的維修，其他人就可能受到某些暗示性的縱容，去打爛更多窗戶的玻璃。也就是說，這些破窗戶會給人造成一種無序的感覺，在這種公眾麻木不仁的氛圍中，犯罪就會滋生、成長。

理論探源

破窗理論，也稱破窗謬論，源於一名為黑茲利特的學者在一本小冊子中的譬喻（也有人認為這一理論是十九世紀法國經濟學家巴斯夏作為批評的靶子而總結出來，見其著名文章＜看得見的與看不見的＞）。黑茲利特說，假如小孩打破了窗戶，必將導致破窗的主人更換玻璃，這樣就會使安裝玻璃和生產玻璃的人開工，從而推動社會就業。

美國心理學家詹巴多曾進行過一項有趣的試驗：把兩輛一模一樣的汽車分別停放在兩個不同的街區。其中一輛原封不動地停放在帕羅阿爾托的中產階級社區；而另一輛則摘掉車牌、打開頂蓬，停放在相對雜亂的布朗克斯街區。結果，停放在中產街區的那一輛，過了一個星期還完好無損；而打開頂蓬的那一輛，不到一天就被偷走了。於是，詹巴多又把完好無損的那輛汽車敲碎一塊玻璃，結果剛過了幾小時，這輛汽車就不見了。

以這項試驗為基礎，美國政治學家威爾遜和犯罪學家凱林提

出了破窗理論。他們認為：如果有人打破了一個建築物的玻璃窗戶，而這扇窗戶又得不到及時的維修，其他人就可能受到某些暗示性的縱容，去打爛更多窗戶的玻璃。久而久之，這些破窗戶就給人造成一種無序的感覺。結果在這種公眾麻木不仁的氛圍中，犯罪就會滋生、成長。

「破窗」的出現，助長了人們幾種心理：

★頹喪心理。壞了的東西沒人修，公家的東西沒人管，很多人對社會的信任度就會隨之而降低。

★棄舊心理。既然已破廢，既然沒人管，那就隨它去吧。

★從眾心理。法是大家的法，律是大家的律。別人能夠走，我就可以走；別人能夠拿，我就可以拿。

★投機心理。「投機」是人的劣根性之一，尤其是看到有機可乘或是投機者占到「便宜」的時候。

破窗理論更多的是從犯罪心理去思考問題，任何一項大的破壞和犯罪，都是從「小奸小惡」開始的，小洞不補，大洞吃苦，這已經成為屢試不爽的真理。但不管把破窗理論用在什麼領域，角度不同，道理卻相似：環境具有強烈的暗示性和誘導性。

從破窗理論中，我們可以得出這樣一個道理：任何一種不良現象的存在，都在傳遞著一種訊息，這種資訊會導致不良現象的無限擴展，同時必須高度警戒那些看起來是偶然的、個別的、輕微的「過錯」，如果對這種行為不聞不問、視若無睹、反應遲鈍或糾正不力，就會縱容更多的人「去打爛更多窗戶的玻璃」，就極有可能演變成「千里之堤，潰於蟻穴」的惡果。這將對正常的社會秩序形成劇烈的衝擊，並導致社會在某種程度上陷入無序狀態。

威爾遜和凱林在提出破窗理論的同時，也提出了破解的方法。他們指出了它的必要前提，就是「沒有及時修復」。也就是說，只有在「破窗」沒有得到及時修復的時候，破窗理論才會應驗。

要杜絕破窗效應，關鍵是我們如何掌握環境這種暗示和誘導的時機點。我們平時要做到「從我做起，從身邊做起」，這不是一個空洞的口號，它決定了我們自身的一言一行將對環境造成什麼樣的影響。因此，對於影響深遠的「小過錯」進行小題大做的處理方式是非常必要的。及時修好「第一個被打碎玻璃的窗戶」，是防止「千里之堤，潰於蟻穴」的明智之舉。

解決紐約市與校園的破窗現象

二十世紀九〇年代的紐約以髒亂聞名，環境惡劣，犯罪猖獗。地鐵的情況尤其嚴重，是罪惡的淵藪，平均每七個逃票的人中就有一個通緝犯，每二十個逃票的人中有一個攜帶武器。

一九九四年二月，威廉・布拉頓被任命為紐約市警察局局長。此人篤信破窗理論，在任職期間，苦口婆心地教導他的警員治理犯罪要從影響生活質量的輕度犯罪行為入手。布拉頓向市民們宣告：「警局將逐步提高對諸如公共場合酗酒、隨地小便等輕微犯罪行為的執法力度，逮捕那些屢次違法亂紀的人，包括向街上擲空瓶子，或者對他人財產進行破壞……如果你在街上小便，你就要進監獄了。」

他從地鐵的車廂開始整理城市中的髒亂環境：車廂乾淨了，月台也跟著整潔了；月台整潔了，階梯也不見汙穢了，隨後街道不再髒亂，然後旁邊的街道也開始整齊清潔，進而影響到整個社區煥然一新，最後紐約完全變了樣，成了漂亮的大蘋果（紐約市俗稱大蘋果）。此後，紐約市的犯罪率神奇地急速下降，現在反而是全美國治安最出色的都市之一。這件事被稱為「紐約引爆點」。

在公共場合發表言論，整理城市中的髒亂環境，向輕微犯罪行為宣戰，布拉頓的這些做法，無不遵循破窗理論的主要原則。

從「紐約引爆點」事件中，我們可以得出一個道理：要想營

造一個好的環境，除了細心維護外，還必須要及時修好「第一扇被打碎玻璃的窗戶」。

在我們周遭的生活中，許許多多的事情都是在環境的暗示和誘導下進行的結果。

在優雅潔淨的場所，我們都會保持安靜，不會大聲喧嘩；相反的，如果環境髒亂不堪，那麼四處可見的往往就是打鬧、咒罵等不文明的舉止。

在公車站牌，如果大家都井然有序地排隊上車，就不會有人不顧眾人的良好公德和鄙夷眼光而貿然插隊。與此相反，如果車輛尚未停穩，著急的人們你推我擠，爭先恐後，那後來的人如果想排隊上車，恐怕也沒有耐心了。

公共場合裡每個人都舉止得當、談吐優雅、遵守秩序，往往能夠營造出文明而富有教養的氛圍；如果因個人的粗魯、野蠻和低俗行為而形成破窗效應，就會給公共場合帶來脫序和失去規範的後果。

由此可見，環境好，不文明的舉止就會有所收斂；環境不好，則文明的舉動也會受到影響。這些都是破窗現象的具體表現。

校園裡也有破窗現象。學校裡的班導師們經常有這樣的體會：

★對於違反班規的行為，如果沒有適時制止，肯定不會引起學生的重視，從而使類似行為再次甚至多次重複發生。

★對於不完成回家作業者，不進行懲處，班級內不想做作業的學生就會慢慢地多起來，使得很多同學無視老師的再三叮囑。

★教室裡有垃圾，如果不及時處理，那麼教室肯定會愈來愈髒。

★如果學生下課後隨意吵鬧的習慣沒有改變，之後，追逐打鬧的場面會經常發生，更可怕的是，學生打架、霸凌等類似的事情也會層出不窮……

破窗理論在管理學的運用

在企業管理中，管理者必須高度警覺那些看起來像是個別的、輕微的，但觸犯了公司核心價值的「小過錯」，並應堅持依法嚴格管理。如果不及時修好第一扇被打碎玻璃的窗戶，就可能會衍生無法彌補的損失。

美國有一家以鮮少開除員工著稱的公司。一天，資深車工熟手傑瑞為了趕在中午休息之前完成三分之二的零件，就把切割刀前的防護擋板卸下放在一旁，沒有防護擋板的阻隔，收取加工零件會更方便快捷一點。大約過了一個多小時，傑瑞的舉動被無意中走進車間巡視的主管逮個正著。主管大發雷霆，除了要求傑瑞立即將防護擋板裝上之外，又站在那裡情緒失控地大聲訓斥了半天，並聲稱要作廢傑瑞一整天的工作量。

到此時，傑瑞以為事情結束了，沒想到，第二天一上班，有人通知傑瑞去見總裁。在那間受過好多次鼓勵和表揚的總裁室裡，傑瑞聽到了要將他辭退的處罰通知。總裁說：「身為老員工，你應該比任何人都明白安全對於公司的重要性。你今天少完成幾個零件，少實現多少利潤，可以找時間把它們補回來，可是你一旦發生事故失去健康乃至生命，那是公司永遠都賠不起的……」

離開公司那天，傑瑞流淚了。

工作了幾年時間，傑瑞有過風光也有過不盡如人意的地方，但公司從沒有人對他說「不行」。但這一次不同，傑瑞知道，他刺痛的是公司的精神靈魂。

破窗理論在社會管理和企業管理中都有重要的借鑑意義，它給我們的啟示是：必須及時修好「第一塊被打碎玻璃的窗戶」。中國有句成語叫「防微杜漸」，說的正是這個道理。

在日本，有一種叫「紅牌作戰」的質量管理活動，其主旨也和破窗理論相通。比如，日本的企業將有油汙、不清潔的設備貼

上具有警示意義的紅牌，將藏汙納垢的辦公室和車間死角也貼上紅牌，以促其迅速改觀，從而使工作場所清潔整齊，營造出一個舒爽有序的工作氛圍。在這樣一種積極暗示下，久而久之，人人都遵守規則，認真工作。實踐證明，這種工作現場的整潔對於保障企業的產品質量發揮了重要的作用。

讓我們再來看一個反向運用破窗理論的案例。

日本有一家生產水龍頭和相關配件的公司，其產品品質優良但銷路總是差強人意。與此同時，公司內部屢屢發生偷盜事件，員工們常把水龍頭包在衣服裡拿回家去用，處分了一些人仍然不見成效。後來，該公司經過調查研究，決定採用反向破窗理論。

與大家預料不同的是，公司不但不再處分偷拿東西的員工，反而在新產品出來後主動鼓勵大家拿回家去使用。結果沒過多久，公司產品銷量開始飆升，甚至加班生產還供不應求。原來，員工不但把拿回家的東西自己使用，還贈送親友，使得產品迅速建立起良好的口碑，用過的人都說這家公司的品質值得信賴。

公司主動打破一扇窗戶，帶來了正面的效果，這是反向運用破窗理論的成功典範。

及時矯正和補救正在發生的問題

破窗理論一再提醒，要及時矯正和補救正在發生的問題，才能遏止問題的蔓延擴大。

有一個家喻戶曉的故事「亡羊補牢」，道理與之類似。

從前有一個農民，養了幾十隻羊，白天放牧，晚上則趕進一個用柴草和木樁圍起來的羊圈內。

一天早晨，這個農民去放羊，發現羊少了一隻。原來羊圈破了個洞，夜間有狼從洞裡鑽進來，叼走了一隻羊。

鄰居勸他說：「趕快把羊圈修一修，堵上那個窟窿吧。」

他說：「羊已經丟了，還去修羊圈做什麼呢？」便沒有接受

鄰居的好心勸告。第二天早上，他又發現少了一隻羊。原來狼又重施故技，叼走了一隻羊。

這個農民很後悔沒有接受鄰居的勸告，及時採取補救措施。於是，他趕緊堵上那個窟窿，又從整體進行加固，把羊圈修得牢牢實實的。

從此，他的羊再也沒有被野狼叼走過。

亡羊補牢的故事告訴我們：一個人有了錯，如果不及時改正，以後還是會再出錯；反之，如果趕快改正，認真改錯，那就不算晚。

戰國時的楚襄王把大臣莊辛的好心規勸當作耳邊風，莊辛只好到趙國避難。當戰爭一敗再敗，楚地大失之時，襄王又想起莊辛的忠言，派人接回了他。莊辛說：「俗話說看見兔子再找獵犬，並不算晚，羊走失了再修補羊圈，也不算遲。楚國現在雖然遭受重大打擊，但只要奮發努力，仍可以重整旗鼓。」在莊辛的鼓勵下，楚襄王奮發圖強，收復了不少失地。

犯了錯誤，遭到挫折，此乃常事。只要能認真記取教訓，及時採取補救措施，就可以避免繼續犯錯，遭受更大的損失。因此，在生活和工作中，我們一定要及時發現問題，立即解決，在星星之火尚未燎原之前就將其撲滅，避免造成無法挽回的惡果。這就是破窗理論給我們最大的啟示。

② 彼得原理

管理學家勞倫斯‧彼得從大量失敗案例中總結出一項原理：「在一個等級制度裡，每個雇員都傾向於晉升到不能勝任的地位。」這就是著名的彼得原理，是關於層級組織最精闢的論述之一。

原理解析

彼得原理是美國管理學家勞倫斯‧彼得，在對組織中人員晉升的相關現象研究後得出的一個結論：由於組織習慣於對在某個等級上稱職的人員進行晉升提拔，因而雇員總是趨向於晉升到其不稱職的地位。彼得指出，每一個員工由於在原有職位上工作成績表現佳（勝任），就會被提升到更高一級職位；其後，如果繼續勝任則將進一步晉升，直到他所不能勝任的職位。由此導出的推論是：「每一個職位最終都將被一個不能勝任其工作的員工所占據。層級組織的工作任務多半是由尚未達到不勝任階層的員工完成的。」每個員工最後都將到達「彼得高地」，在該處他的提升商數為零。至於如何加速抵達高地，有兩種方法：其一，是高層的「拉動」，即依靠裙帶關係或熟人等「破格」提拔；其二，是自我的「推動」，即自我訓練和努力進步等。前者是被普遍採用的。

彼得原理有時也被稱為「向上爬」原理。這種現象在現實生

活中無所不在：一名稱職的教授被推選為大學校長後無法勝任；一個優秀的運動員被拔擢為主管體育的官員，而無所作為。

彼得原理是關於層級組織最精闢的論述之一。這是因為組織往往傾向於根據員工目前的工作成績，直接將他提升到更高的職位，而忽視了相關考核和培訓。事實上，員工目前的工作成績與更高職位並無必然的關係，一名出色的技術工作人員不一定適合做技術主管，一名優秀的銷售主管不一定適合做銷售經理。高層職位需要的是更大的膽識、更強的能力、更高的素質，而不是員工在目前的職位上做得有多麼好。

只不過任何理論都具有兩面性，員工晉升為組長依然稱職、組長變成主管還是勝任的案例也有很多，因此不是提拔人才不好，而是過程要有相關的機制，需進行考核與培訓。考核與培訓都是非常嚴肅的事情，必須高度重視和認真對待，否則便會流於形式，失去應有的意義。當提拔人才沒有限制的時候，組織中不稱職的員工就會愈來愈多，從而導致公司冗員充斥，人浮於事，效率低下。

由於彼得原理的推出，使他「無意間」創設一門新的科學——層級組織學。該科學是解開所有階層制度之謎的鑰匙，因此也是了解整個文明結構的關鍵所在。凡是置身於商業、工業、政治、行政、軍事、宗教、教育各界的人都和層級組織息息相關，也都受彼得原理的控制。當然，原理的假設條件是：時間足夠長，層級組織裡有一定的階層。

彼得原理對於組織和個人都有著深刻的影響。

對一個組織而言，一旦有部分人員被推到了其不稱職的級別，就會造成組織效率低下，導致平庸者出人頭地，發展停滯。因此，這就必須改變單純的「根據貢獻決定員工晉升」的機制，不能因某個人在某一個職位級別上有出色的表現，就推斷此人一定能勝任更高一級的職務。要建立科學、合理的主管選聘制度，客觀評價每一位員工的能力和水準，讓他適得其所。不要把晉升

當成主要的獎勵方式，應建立如加薪、休假等其他方法來鼓舞士氣。有時將一名員工晉升到一個無法發揮才能的職位，不僅不是獎勵，反而使他喪失進步的動力，給企業帶來損失。

對個人而言，我們都期待不停的升職，但不要將往上爬作為自己唯一的奮鬥目標。與其在一個無法完全勝任的職位上勉強支撐，還不如找一個自己遊刃有餘的位置好好發揮專長。

拿破崙用人不當，兵敗滑鐵盧

導致拿破崙政治生命結束的戰役是滑鐵盧之敗，然而使滑鐵盧成名的關鍵人物，卻不是拿破崙，而是他手下指揮騎兵預備隊的格魯希元帥。

一八一五年六月十八日上午十一時，滑鐵盧的激烈戰鬥使拿破崙率領的法軍和威靈頓率領的英軍都傷亡慘重，精疲力竭，雙方都在焦急地等待援軍。結果拿破崙的部隊很快全線崩潰，因為布呂歇爾元帥率領的普魯士軍隊先趕來支援英軍，而格魯希元帥的法軍卻遲遲未見蹤影。

那麼他到哪裡去了呢？

在滑鐵盧戰役開打時，奉拿破崙之命追擊普軍的格魯希就在幾英里之外。當一聲聲沉悶的炮響傳來時，所有人都意識到重大戰役已經開始，幾名將軍急切地要求格魯希命令部隊火速增援拿破崙。然而格魯希膽小怕事地死抱著寫在紙上的命令──皇帝手諭：追擊撤退的普軍。

正是由於格魯希的不稱職，才導致拿破崙政治生命的結束，但這樣一個不適任的人又是如何被放在這麼一個決定歷史的位置呢？

格魯希是一個老實可靠、循規蹈矩的老兵，卻不是氣吞山河的英雄，也不是運籌帷幄的謀士，他從戎二十年，參加過從西班牙到俄國，從荷蘭到義大利的各種戰役。他經過多次戰爭的煎

熬，水到渠成地一級一級升到元帥的軍銜。在此前的經歷中，誰也不能說他不稱職，但真正使他登上元帥寶座的，卻是奧地利人的子彈、埃及的烈日、阿拉伯人的匕首、俄國的嚴寒……這些使他的前任相繼喪命，從而為他騰出了空位。

用彼得原理來解釋格魯希的升遷經歷和滑鐵盧戰役慘敗的原因是再適合不過的了：在各種組織中，由於習慣對在某個等級上稱職的人員進行晉升提拔，因而員工總是趨向於晉升到其不稱職的地位。

晉升並不是理想的激勵措施

在現實的層級組織中，彼得原理的影響是普遍存在的。許多企業為了挽留住人才，或為了鼓舞士氣，常常另設新職位，並且輕易地晉升員工，讓大家意識到升遷管道的順暢，這個出發點可能是好的，但做法卻不一定妥當，因為這樣很容易出現一些管理問題。

讓我們來看一個較為常見的事例。

一位成功的銷售人員，本身學歷雖然不高，但非常努力，加上口才了得，顧客網綿密，因而個人銷售成績突出，多年來都是公司Top Sales。公司因此提升他到主管職位，帶領一整組銷售人員。

他到任後，問題出現了，由於領導及執行能力不強，而下屬又不認同他的做事方式及策略，公司也不滿他未能提高整體銷售業績，因此他面對很大的壓力，漸漸地信心受到打擊，工作士氣低落。更大的問題是，他發現自己無路可退，降級再擔任原來的職位，等於抹殺了自己以往的成就。去別的公司求職，自己的學歷及近年表現又不出色。更糟的是，在經濟不景氣的情況下，公司計劃裁員，他已成了「高危險群」，惶恐終日，工作表現更加不濟。

在許多單位裡，專業人員藉著論資排輩的升遷制度，晉身管理階層，但他們的專業知識和經驗並不能確保他們可以成為出色的領導者。有時，他們自恃事業有成，沒有進一步提升自己的程度及管理能力，到了機構要進行瘦身或改革時，他們就感覺壓力很大，擔心飯碗不保。結果，本來可以在低一級職位施展優秀才華的人，現在卻不得不處在一個自己無法勝任的高階職務上，並且要一直耗到退休。這種狀況對於個人和組織雙方來說，都沒有好處。就個人言，由於不能勝任工作，就體會不到工作的樂趣，也無法實現自身的價值。就組織言，無法發揮職務所需的員工，一方面是個不及格的管理者，另一方面也失去一個能夠勝任較低職位的優秀人才，因此，兩者都是這種不恰當晉升方式的受害者。

彼得原理對人力資源管理的影響在於：

其一，管理的效率源自對管理規律的遵守，根據職位要求定能力，根據能力選人才。它不是簡單地表現在完成本職位要求的能力，更不是關係，升職應在員工對事業的執著、工作的責任心、本職位的工作績效等基礎上，注重、考慮是否具有上一級職位所要求的能力。這樣，才能使人才各得其所，不為晉升所累。

其二，人力資源管理應遵循可持續發展的規律，不要輕率地把能夠在現在位置勝任的人提升到他不勝任的位置，而是要儘可能在現有環境下給他們提供最大發揮潛能的機會。比如，不要把升職作為激勵或評定業績的唯一標準，同時，採用合理的工資獎金制度，也可以減少員工因盲目追求職銜而造成的疲憊。這不僅有利於個人，也有利於組織和社會的發展。

其三，在組織中的人力資源管理，提倡強調責任與奉獻的組織文化，即職位的利益與責任、風險同樣是成正比的，甚至職位越高，責任和風險越大。所以，如果組織把晉升當作激勵的手段時，晉升者更需要被告知的是，領導階級的存在前提是要給組織帶來利益和承擔重大的責任，在新的位置上，他不得不放棄很多

東西，因為他將面對更多的責任、付出和風險。

其四，如果彼得原理的邏輯是不可避免的，而人性在利益誘惑面前又是軟弱的，那麼，機制就顯得非常重要。如果建立起一種機制，能夠發揮勝任者的才能，能夠改變不勝任者對職位的衝動並及時地勸阻他們，能夠使人員的流動不只是單向的，能夠產生與職位提升有同等價值的激勵，那我們在人力資源的管理中，就可以避免發生「彼得式」的悲劇。

彼得原理的啟示

世界上每一種工作，都會碰到無法勝任的人。只要給予充分的時間與升遷機會，一個能力不足的人終究會被調到一個不適合的職務上，他會在這個位子原地踏步，把工作搞得一塌糊塗。這樣的表現不僅會打擊同仁們的士氣，而且會嚴重妨礙整個組織的效率。

王某過去是一名稱職的教師和主任，後來當上了副校長。在這個職位上，他和老師、學生、家長們相處融洽，能力出眾。於是，他更上層樓擔任校長。

在此之前，他從未直接跟學校董事會和教育局督學打過交道。很快，人們就發現他缺乏和這些高層往來所必需的社交手腕。他會為了解決孩子之間的爭執，把督學冷落一旁。他會幫生病的老師代課，錯過教育局召集的課程修訂會。

他盡心竭力主持校務，無法再騰出精力參加社區組織的活動。他推辭了擔任教師家長會主席和社區改良聯合會會長的提議，也不出任文學匡正委員會的顧問。

不久，他的學校失去了社區的支援，他本人也不再受到督學的賞識。日復一日，在公眾和上級眼中，他變成了一位不勝任的校長。當督學的職位出缺時，學校董事會拒絕舉薦他。他會在校長這個職位上一直幹到退休，既不快樂，也不適合。

　　儘管我們知道，必須重視管理人員成長的可能性並提供更大的發展空間來激發他們的潛能，但彼得原理作為一種告誡：不要輕易地晉升和提拔。

　　解決這個問題最主要的方法有以下幾個：

　　★提拔的標準更需要重視潛力而不僅僅是績效。應當以能否勝任未來的職位為標準，而非僅僅在現在的職位上是否出色。

　　★能上能下絕非一句空話，要在企業中真正形成這樣的良性機制。一個不勝任經理的人，也許是一個很好的中層主管，只有透過這種機制才能找到每個人最適合的角色，挖掘出每個人最大的潛力，「人盡其才」。

　　★為了慎重地考察一個人能否勝任更高的職位，最好採用臨時性和非正式性「提拔」的方法來觀察他的能力和表現，以儘量避免降職所帶來的負面影響。如設立特別助理的職位，或先讓他暫代職務等。

　　成功企業的用人之道在於：適當引進外來人才，這樣做的好處就是能避開「彼得原理」所產生的後果；在企業內部嚴格篩選、逐步提升有能力的員工，把他們放到適得其所的位置上。

③ 華盛頓合作定律

美國人喜歡把簡單的道理總結成定律，所以中國版的「三個和尚」就變成了美國版的「華盛頓合作定律」：一個人敷衍了事，兩個人互相推諉，三個人則永無成事之日。

定律摘要

所謂「華盛頓合作定律」，類似中國流傳久遠的一句俗語：一個和尚挑水喝，兩個和尚抬水喝，三個和尚沒水喝。把這句古代的至理名言賦予現代的意義就是：一個人敷衍了事，兩個人互相推諉，三個人則無法成事。為什麼在合作中會出現這種情況呢？因為人與人的合作並不是簡單的數量相加，而是會受到很多因素的干擾，關係非常複雜和微妙。比如，兩個人之間只存在著一種關係，三個人就會存在著三種關係，四個人就會存在著六種關係，關係種類是以幾何級數增長的。在人類彼此合作中，假定每個人的能力都為一，那麼十個人的合作結果有時比十大得多，但有時甚至卻比一還要小。因為人不是靜止的植物，而更像方向各異的能量，相推動時自然事半功倍，相互牴觸時則一事無成。

如果你認真觀察過螃蟹就會發現，簍子裡面放上一群螃蟹，就不必蓋上蓋子，因為螃蟹是爬不出來的。這是什麼原因呢？其實，不是螃蟹「安分守己」，而是它們偏愛「窩裡反」，只要

有一隻想往上爬，其他的便會把它拉下來，最後沒有一隻能夠爬出去。這個小例子說明的就是華盛頓合作定律。

華盛頓合作定律有三大要因：

1. 旁觀者效應

華盛頓合作定律起源於美國兩位心理學家拉塔內和巴利所發現的「旁觀者效應」：眾多的旁觀者分散了每個人應該負有的責任，最後誰都不負責任，於是合作不成功。具體說來，當一個人從事某項工作時，由於不存在旁觀者，自然由他一個人承擔全部責任，雖然有點敷衍了事，但也還能勉強成事，所以「一個和尚挑水喝」。如果有兩個人，雖然都有責任，但是因為另一個旁觀者在場，兩個人都會猶豫不決，相互推諉，最後只好「兩個和尚抬水喝」。如果有三個或三個以上的人，旁觀者更多，情況就更複雜，關係也更加微妙，彼此之間相互「踢皮球」，結果「永無成事之日」，最後「三個和尚沒水喝」。

這就說明，當許多人共同從事某項工作時，雖然群體成員都有責任，但是每一個人都成了旁觀者，彼此你丟我棄，最後誰都不願意承擔責任，結果合作失敗，產生了華盛頓合作定律。

2. 社會惰化作用

所謂社會惰化作用，是指當群體一起完成一件工作時，群體中每個成員所付出的努力，會比個體在單獨情況下完成任務時明顯減少。在組織中，社會惰化作用明顯減弱了群體工作效率，直接帶來了華盛頓合作定律產生的效應。

3. 組織內耗現象

組織內耗就是指組織成員「窩裡反」，這不僅耗費資源能量，降低運轉效率，而且還影響正常效能，損害了組織的整體效益。組織內耗與組織群體的規模緊密相關，一般認為，合作群體

的成員越多，組織內耗就越嚴重。所以，一個人完成任務的主觀能動性最高，內耗最少，因為他別無選擇；兩人合作完成一件任務時，就有可能互相推卸責任，內耗增加；人越多，內耗越大，群體的主觀能動性也就越差。

在我們傳統的管理理論中，對合作研究得並不多，最直觀的反映就是，目前大多數管理制度和行業都是致力於減少人力的無謂消耗，而並非利用組織提高人的效能。換言之，管理的主要目的不是讓每個人做到最好，而是避免內耗過多。

旁觀者效應導致一宗謀殺案

一九六四年三月，紐約市克尤公園發生了一起震驚全美的謀殺案。凌晨三點，一位年輕的酒吧女經理遭到凶手追殺。在凶手長達半個小時的作案過程中，受害者不停地呼救奔跑，有三十八戶居民聽到或看到了，但僅僅是聽到和看到了，沒有一個人出來阻止，甚至連一個僅需舉手之勞的報警電話也沒人打。

這件事並不能簡單歸納為人性的異化和冷漠，而是有著深刻的心理學背景：當出現緊急情況時，正因為有其他目擊者在場，才使每一位旁觀者都無動於衷，而更多的是在看其他觀察者的反應。這是一種制度性的缺陷，也就是說這樣的事情會在不同地點不同時間重複發生，這種可怕的現象也是華盛頓合作定律的寫照。

讓我們再來看下面這項實驗：

二十世紀三〇年代，德國心理學家森格爾曼曾做過一項「拔河實驗」，以對不同規模群體的人在拔河時所施加的力量進行比較。結果表明，參加拔河的人數越多，每個人出的力就越小。當一個人拖拽繩子時會施加六十三公斤的力量，然而，在三個人的群體中，平均每個人所施加的力量會降到五十三點五公斤，而在八個人的群體中會降到三十一公斤——這比一個人單獨工作時付

出努力的一半還要少。這就是華盛頓合作定律產生的效應。

小矮人團結合作突破困境

華盛頓合作定律揭示了合作中的衝突、無效率，但我們同樣可以看到當眾人齊心協力完成某件事情的時候，每一個參與者都會感到自豪，找到了合作的樂趣甚至長期的夥伴。

相傳，在古希臘時期的塞浦路斯，曾經有七個小矮人被關在一座城堡裡。他們蜷縮在一間潮濕的地下室，找不到任何人幫助，沒有糧食，沒有水。這七個小矮人愈來愈絕望。

在這幾個小矮人中，阿基米德是第一個受到守護神雅典娜托夢的。雅典娜告訴他，在這個城堡裡，除了他們待的那個房間外，還有另外二十五個房間；其中一間有蜂蜜和水，其他二十四間有石頭，石頭堆中有兩百四十顆玫瑰紅的靈石，蒐集到這兩百四十顆靈石，並把它們排成一個圓圈，可怕的咒語就會解除，他們就能逃離厄運，重回自己的家園。

阿基米德把這個夢告訴了六個夥伴，但只有愛麗絲和蘇格拉底願意和他一起努力。開始的幾天裡，愛麗絲想先去找些木柴生火；蘇格拉底想先去找那個有食物的房間；阿基米德想快點把兩百四十顆靈石找齊，好讓咒語解除。但三個人無法統一意見，於是決定各找各的，幾天下來，三個人都沒有成果，反而耗得筋疲力盡。

但是，三個人沒有放棄，失敗讓他們意識到應該團結起來。他們決定，先找火種，再找吃的，最後大家一起找靈石。這是個有效的方法，三個人很快在左邊第二個房間裡找到了大量的蜂蜜和水。

在經過了幾天的饑餓之後，他們狼吞虎嚥了一番；然後帶回許多分給特洛伊、安吉拉、亞里士多德和美麗莎。溫飽的希望改變了其他四個人的想法，他們主動要求要和阿基米德一起尋找靈

石。

　　為了提高效率，阿基米德決定把七個人分成兩組：原來三個人，繼續從左邊找，而特洛伊等四人則從右邊找。但問題很快就出來了：由於前三天一直都坐在原地，特洛伊等四人根本沒有任何的方向感，他們幾乎就在原地打轉。阿基米德果斷地重新分配愛麗絲和蘇格拉底各帶一人，用自己的訣竅和經驗指導他們慢慢熟悉城堡。

　　然而，事情並不如想像中那麼順利，先是蘇格拉底和特洛伊那組，總是嫌其他兩組太慢。最後由於地形不熟，大家經常日復一日地在同一個房間裡找靈石，原先建立起的信心又開始慢慢喪失。

　　阿基米德非常著急。這天傍晚，他把其他六個人都召集在一起商量辦法。可是，會議才剛剛開始，就變成了相互指責的批判大會。

　　經過意見交換，大家才發現，原來有些人很有方向感能找對房間，但可能在房間裡找到的石頭都是錯的；而那些會挑石頭的人，往往速度又太慢。

　　於是，這七個小矮人進行了重新組合。在愛麗絲的提議下，大家決定每天開一次會，交流經驗和竅門。

　　在七個人的通力合作下，他們終於找齊了兩百四十顆靈石，但就在這時，蘇格拉底停止了呼吸倒地不起。在大家震驚和恐懼之餘，火種突然又滅了。

　　沒有火種，就沒有光源；沒有光源，就沒有辦法把石頭排成一個圈。

　　大家都紛紛來幫忙生火，哪知道六個人費了半天的勁，還是見不著火苗──以前生火的事都是蘇格拉底在負責，阿基米德非常後悔當初沒有向蘇格拉底學習生火。

　　最後，在神靈的眷顧下，火還是被生起來了，小矮人們解脫了魔咒。

他們的故事給我們以下的啟示：

★美好的願景是團隊合作的基石；明確的目標是團隊成功的基礎；專業的分工則是同心協力的關鍵。

★知識乃生產力，是提高效率的重要手段，而經驗是知識的有機組成部分。一個團隊既需要知識，又需要經驗。

★團隊的阻力來自成員之間的不信任和非正常干擾。特別在困難時期，這種不信任以及非正常干擾的力量更會被放大。

★不經一事不長一智，及時總結經驗教訓，並透過合適的方法與團隊內所有的成員分享，是團隊走出困境、邁向成功的絕佳方式。

★分工有利於提高效率，但必須「人事相宜」，如果能力與職位不能匹配，反而使效率低下。

★只有透過對團隊的有效管理，目標才能最終得到實現。

創建高績效團隊的合作文化

華盛頓合作定律表明，合作是一個問題，怎樣合作也是一個問題。要徹底解決華盛頓合作定律的現象，就要創建高績效團隊的合作文化。

「一個和尚挑水喝，兩個和尚抬水喝，三個和尚沒水喝。」這常常引導我們掉入陷阱。一個單位、一個企業效益不好，往往不在其他方面找原因，而是簡單地歸罪於「和尚」多了，於是採取放無薪假、精簡人員的措施。然而，實際上並非完全如此，有的單位、企業人少了卻並沒有增效，還是「沒水喝」。

看來，有沒有水喝，與和尚數量的多寡沒有必然的關係。那麼該怎樣才能打破「三個和尚沒水喝」的困境呢？這裡介紹三種解決的辦法：

第一種：有一個和尚提出，我們大家輪流去挑水，結果，喝水的問題迎刃而解。

　　第二種：分工負責，你挑水，我砍柴，他做飯，每人明確責任，同時又分工合作。這樣，不僅解決了喝水問題，也建立了新的管理機制。

　　第三種：啟動一種激勵措施，誰主動承擔挑水的任務，就是對廟裡做出重大貢獻，在物資分配、職務晉升等方面優先考慮；如果挑水成績顯著，就給予重賞。這樣，喝水也不再是問題，還促進了這間寺廟的「精神文明」建設，並將管理提升到一個新的層次。

　　在公司或企業內，合作能否取得成功，有三個關鍵的環節需要注意：

　　一、目標是否明確，該目標是否為團隊中每一個人所熟知。

　　二、職務的責任是否清楚，是否每一個人都知道自己應該做什麼，是否每一件事情都會有專人負責，即所謂的「事事有人做」。

　　三、職位間的介面是否有清晰的定義，即流程中兩個前後環節的輸出和輸入之銜接，同時要避免類似排球場上球落到兩人中間沒人理會的情形。

　　要解決如上三個環節，方法就在於溝通——建立溝通的機制，達成共同的溝通語言。合作過程中一定要有一個領導者，綜合各方的意見，這就是兩個人也要有個組長的道理。

測驗 **你有團隊精神嗎？**

　　以下測驗能幫助自己檢查是否具有團隊精神。每一題都陳述了團隊行為，請根據自己表現這種行為來評分：總是這樣（5分），經常這樣（4分），有時這樣（3分），很少這樣（2分），從不這樣（1分）。

當我是小組成員時：

（　）❶ 我從其他小組成員那裡徵求事實、資訊、觀點、意見和感受，以幫助小組討論。（尋求資訊和觀點者）

（　）❷ 我提供事實和表達自己的觀點、意見、感受和資訊，以幫助小組討論。（提供資訊和觀點者）

（　）❸ 我提出小組後續的工作計畫，並提醒大家注意需完成的任務，以此掌握小組的進度和方向。我向小組成員分配不同的責任。（方向和角色定義者）

（　）❹ 我集中小組成員所提出的相關觀點或建議，並總結、複述小組所討論的主要論點。（總結者）

（　）❺ 我帶給小組活力，鼓勵小組成員努力工作以完成我們的目標。（鼓舞者）

（　）❻ 我要求他人對小組的討論內容進行總結，以確保他們理解小組決策，並了解小組正在討論的重點。（理解情況檢查者）

（　）❼ 我鼓勵所有小組成員參與，願意聽取他們的意見，讓他們知道我珍視他們對群體的貢獻。（參與鼓勵者）

（　）❽ 我利用良好的溝通技巧幫助小組成員交流，以保證每個小組成員明白他人的發言。（促進交流者）

（　）❾ 我會講笑話，並建議以有趣的方式工作，藉以減輕小組中的緊張感，並增加大家一同工作的樂趣。（釋放壓力者）

( ) ❿ 我向其他成員表達支援、接受和喜愛,當其他成員
在小組中表現出建設性行為時,我會給予適當的讚
揚。（支持者與表揚者）

( ) ⓫ 我促成有分歧的小組成員進行公開討論,以協調彼此
看法,增進小組凝聚力。當成員們似乎不能直接解決
衝突時,我會介入調停。（人際問題解決者）

( ) ⓬ 我觀察小組的工作方式,利用我的心得去幫助大家討
論小組如何能更有效率地工作。（進程觀察者）

答案解析

以上1～6題為一組,7～12題為一組,將兩組的得分分別相
加,看看自己的得分較偏向哪一組。若是恰好在中間,如（
12‧12）,則代表你剛好兼具兩組各一半的優缺點。

（6‧6）	只為完成工作付出了最小的努力,整體上與其他小組成員十分疏遠不活躍,對其他人幾乎沒有什麼影響。
（6‧30）	你十分強調與小組保持良好關係,為其他成員著想,幫助創造舒適、友好的工作氣氛,但很少關注如何完成任務。
（30‧6）	你著重於完成工作,卻忽略了維持關係。
（18‧18）	你努力協調團隊的任務與彼此合作模式,並達到平衡。應繼續努力,創造性地結合任務與默契關係,以促成最優生產力。
（30‧30）	恭喜你,你是一位優秀的團隊合作者,並有能力領導一個小組。

4 帕金森定律

> 一個不稱職的主管，可能有三條出路，第一是申請退休，把位子讓給能幹的人；第二是讓一個能幹的人來協助自己工作；第三是任用兩個程度比自己更差的人當助手。領導者往往都會選擇第三條路。

定律摘要

一九五八年，英國著名歷史學家諾斯科特・帕金森出版了《帕金森定律》一書。

他在書中闡述了企業人事膨脹的原因及後果：一個不稱職的主管，可能有三條出路，第一是申請退休，把位子讓給能幹的人；第二是讓一位能幹的人來協助自己工作；第三是任用兩個程度比自己更差的人當助手。第一條路是萬萬走不得的，因為那樣會喪失許多權力；第二條路也不能走，因為那個能幹的人會成為自己的對手；看來只有第三條路最適合。於是，兩個平庸的助手分擔了他的工作，他自己則高高在上發號施令，這兩個人不會對自己的權力構成威脅。兩個助手既然無能，他們就上行下效，再為自己找兩個更差勁的屬下。如此類推，就形成了一個冗員充斥、人浮於事、相互扯後腿、效率低下的領導體系。

帕金森舉例說：當主管的A經理感到工作很忙很累時，一定要找比他級別和能力都低的B先生和C小姐來當助手，把自己的工

作平分給B和C。B和C還要互相制約,不能和自己競爭。當B工作也忙也累時,A就要考慮給B配兩名助理;為了平衡,也要給C配兩名助理,於是一個人的工作就變成七個人做,A經理的地位也隨之水漲船高。當然,七個人會給彼此製造許多工作,比如一份文件需要七個人共同起草圈閱,每個人的意見都要參考納入,絕不能敷衍塞責;下屬們產生了矛盾,要想方法設法解決;升職調任、開會進修、出差考察、薪資獎金、招考新進……每一項都需要認真研究,工作愈來愈忙,甚至七個人也不夠了……

這部分闡述是《帕金森定律》一書中的精華,也是帕金森定律的主要內容,常常被人們用來解釋官場中的形形色色。它深刻地揭示了行政權力擴張引發組織龐雜、效率低下的「官場傳染病」。在行政管理中,行政單位會像金字塔一樣不斷增多,人員會不斷膨脹,每個人都很忙,但效率愈來愈差。這條定律又被稱為「金字塔上升」現象。

這個定律不僅在官場出現,很多企業也都能看到這種現象。具有這種領導體系的公司,多數都是當一天和尚撞一天鐘的無激情團隊,在固有的管理體制下,這種團隊是難有作為的。由於對於一個組織而言,管理人員或多或少是注定要增加的,所以帕金森定律勢必會出現。

那麼,帕金森定律發生作用的條件有哪些呢?

首先,必須要有一個團體,這個團體有固定的運作模式,其中管理占據一定的位置。這樣的團體很多,大至跨國企業的各種行政部門,小到只有老闆和會計的兩人公司。

其次,尋找助手的領導者本身不具有權力的壟斷性,對他而言,權力可能會因為做錯某事或者其他的原因而輕易喪失。

第三,領導者對他的工作來說是不稱職的,如果稱職就不必尋找助手。

這三個條件缺一不可,缺少任何一項,就意味著帕金森定律會失靈。

可見，只有在一個權力非壟斷的二流領導管理團體中，帕金森定律才起作用。

在一個沒有管理職能的團體，比如網路虛擬學術組織、興趣小組之類，不存在帕金森定律描述的可怕頑症；一個擁有絕對權力的人，他不害怕別人攫取權力，也不會去找比他還平庸的人做助手；一個能夠承擔自己工作的人，也沒有必要找一個助手。

帕金森定律給我們這樣一個啟示：一個不稱職的領導者一旦登上管理職位，臃腫的機構和過多的冗員便不可避免，庸人占據高位的現象也會出現，整個管理系統就必然每下愈況，陷入難以自拔的泥淖。

用對人是關鍵

帕金森定律與武大郎式的用人政策是如出一轍——比自己個兒高的人一概不用。長此以往，必將導致惡性循環：平庸的人錄用比自己更平庸的人，更平庸的人再錄用比自己更更平庸的人，一如黃鼠狼下耗子——一窩不如一窩。

縱覽古今中外歷史，成敗得失的關鍵在於用人。一個單位、一個地方乃至一個國家，興衰與否，用人是關鍵。作為一個領導者，不僅要獨具慧眼，而且還要有用人之膽、容人之量，要敢任用比自己強的人。只有這樣，才有利人才的脫穎而出，也惟有如此，才能實現用人的良性循環，走出帕金森定律的陰影。

在用人上，西周的兩位名臣——姜子牙和儒家推崇備至的周公，他們曾經做過一番討論。受封齊國的姜子牙主張「尊賢尚功」，也就是能力第一；受封魯國的周公則主張「親親尚恩」，也就是親信第一。執行能力第一用人政策的齊國，最終如周公所預言的，雖然國力強大，但不是姜家的了（「姜氏齊國」後被「田氏齊國」取代）。執行親信第一用人政策的魯國也如姜子牙所預言的，雖然一直到戰國後期都是姬家的（魯國是姬姓「宗室」），但是

國力衰弱，國君軟弱無能。

　　我們來看看林肯的用人之道。

　　一八六一年，美國南北戰爭爆發以後，林肯曾先後任用了三四位將領，當時他按照傳統所謂「完人」標準，要求所有將領必須沒有缺點。然而，出乎他的意料，北軍每一位「零缺點」的將領皆屢戰屢敗。

　　後來，林肯總結了教訓，撤換了一些人，並宣布任命格蘭特為總司令，他手下的人十分擔心，私下勸他說：「格蘭特嗜酒貪杯，難當大任。」然而，林肯已從錯誤中認識到選拔將領不能只求「零缺點」，應該把具有獨特軍事才能當做遴選的依據。格蘭特雖然有嗜酒的壞毛病，但他的軍事指揮能力無人能出其右，後者才是他的主要強項。於是，他回答：「如果我知道他喝什麼酒，我倒想送他幾桶。」

　　事實證明，起用格蘭特為帥，對擊敗南軍、廢除奴隸制、平定內亂發揮了重要作用。林肯的用人決策可說是抓住了事物的主流和本質。對於格蘭特，林肯深知其優點和缺點。在當時的情況下，他出色的軍事才能是大局所急需的，雖然嗜酒貪杯是一種惡習，但這只是次要方面，完全可以經規勸而不至誤事。林肯揚長避短，知人善任，最後取得南北戰爭的勝利。

　　關於如何用人，諸葛亮在其《心書》一文中提出了七條途徑：

　　其一，「問之以是非而觀其志」，即從其對是非的判斷來考察其將來的志向，看看是否胸有大志。

　　其二，「窮之以辭辯而觀其變」，即提出尖銳的問題對其詰難，看其觀點有什麼變化，能否隨機應變。

　　其三，「咨之以計謀而觀其識」，即就某方面的問題諮詢其看法和對策，看其知識經驗如何，具不具備分析問題和解決問題的能力。

　　其四，「告之以禍難而觀其勇」，即觀察其在困難面前的表

現，看其有沒有奮力向前的勇氣和處變不驚的良好心理素質。

其五，「醉之以酒而觀其性」，即以美酒款待，看其個人品德如何，是否兩面三刀，陽奉陰違。

其六，「臨之以利而觀其廉」，即觀察其在金錢財富面前的表現，看其是否能經得住物質利益的誘惑，是否能保持良好的心態。

其七，「期之以事而觀其信」，即託付其辦事以視其信用如何，是一諾千金，還是信口開河。

諸葛亮的這些觀點很有現實意義。我們應該借鑑古人經驗，拓寬知人用人的思路。

李嘉誠是香港商界呼風喚雨的富豪，在總結用人心得時，他曾形象地說：「人都會有部分長處和部分短處，好像大象食量以斗計，螞蟻一小勺便足夠。各盡所能、各得所需，以量材而用為原則；又像一部機器，假如主要的機件需要五百匹馬力去發動，雖然半匹馬力與五百匹相比是小得多，但也能發揮其一部分作用。」

李嘉誠這一番話極為透徹地點出用人之道的關鍵所在。

作為領導者，並不一定要比所有的部屬更有才幹，關鍵是能不能將各有所長的一群人集合在一起，共同為實現組織的目標而努力。領導者用人不以私心，是非分明，量才錄用，才算掌握管理工作的基本要領。在今日社會，各個領域、各條戰線、各行各業、各個單位間的競爭非常激烈。公司企業的生存和發展，領導者事業的成功與失敗，說到底還是用人。因此，不論一個單位，還是一個集團，領導者只有尊重人才，善用人才，才能立於不敗之地。

美國鋼鐵大王卡內基就是一位傑出的領導者。雖然他已去世多年，但他的碑文卻留給世人永恆的回憶。碑文是這樣寫的：「一位知道選用比他本人能力更強者來為自己工作的人安息於此。」

領導者如何選擇助手

帕金森定律告訴我們，領導者要選對助手，否則會出現一系列問題。

領導者需要「開疆拓土」，不斷壯大發展自己的事業。當事業愈來愈大時，他不可能事必躬親，也不應事必躬親，樣樣都管。這時，他需要委託自己信得過的人來協助或代為處理事務。然而，怎樣的人才靠得住呢？

這裡的「靠得住」包含兩種意義：一為是否勝任，是否有能力承擔這項任務；二是品德是否端正，是否對領導者忠誠，是否願意為領導者效力，排憂解難。這裡涉及到對人才選擇的標準，所以在選人時可參照以下這些方法：

1. 參與決策有效執行法

領導者選擇助手時，首先必須認知這個人不僅僅是自己的助手，同時也是集體決策的一員，他要明確了解每一決策的背景及前景，積極參與討論。實踐證明，助手參與決策程度越高，其責任心越強；執行越自覺，行為越規範，效率越高。任何只將助手當做自己的「傳令兵」，或要求助手不得有異議的領導者，勢必要失敗。

2. 發揮優勢法

每個人都有各自的優勢和劣勢、長處和短處，因此領導者要善於發現下屬的特長，然後根據自己的目標擇優選取助手。

3. 才職相稱法

雀屏中選者的素質、才能一定要與所任職務的職權、職責、任務相稱。

4. 決策權可轉移法

領導者的助手，一定要具備這樣的特質，即：領導者因故、因病無法視事時，能擔負起重大突發事件的決策能力和相應的組織能力。

5. 主動結構法

領導者一定要考慮所選的人才與自己能否形成合理的主動結構。

6. 員工接受法

領導者一定要考察本部門大多數員工對該人才的接受程度，否則，會產生不良後果 。

有效利用時間

帕金森經過多年的調查研究，發現一個人做一件事所耗費的時間差別如此之大：他可以在十分鐘內看完一份報紙，也可以看半天；一個大忙人二十分鐘可以寄出一疊明信片，但一個無所事事的老太太為了給遠方的外甥女寄張明信片，可以足足花一整天——找明信片一個鐘頭，尋眼鏡一個鐘頭，查地址半個鐘頭，寫問候的話四十分鐘……特別是在工作中，事情會自動地膨脹，占滿一個人所有可用的時間，如果時間充裕，他就會放慢節奏或是增添其他雞毛蒜皮小事以便用掉所有的時間。由此得出結論：做一份工作所需要的資源，與工作本身並沒有太大關係；一件事情膨脹出來的重要性和複雜性，與完成這件事情所花的時間成正比。

我們常常聽到有人抱怨時間不夠，似乎擁有更多的時間，他們就會做得更好。但事實上，不論工作效率高低，每個人每天都

只有二十四小時，兩者的根本差別在於如何有效利用時間，以及巧妙安排自己的事務。

成功學家指出，領導者節約時間的祕訣在於：

★處理公務切忌先辦小的，後辦大的，應先做最重要的事。

★用大部分時間去處理最難辦的事。

★把一部分交給祕書去做。

★能打電話解決的就打電話，少寫信，必須寫信時就儘量短寫。

★減少會議。

★擬好工作時間表。

★分析自己利用時間的情況：多少時間被浪費了。

★儘量利用空餘時間看文件。

測驗　在團體中你有領導能力嗎？

　　有一天，你突然遇見舊情人，然後一起到附近的咖啡廳去坐坐，當聊起以前的時光，你最怕舊情人提起什麼？

( )　A. 當初介入你們的第三者

( )　B. 兩人剛認識時的甜蜜回憶

( )　C. 一次出國旅行的經驗

( )　D. 分手時的感覺

答案解析

【選擇 A】
你有領導的才能，卻沒有領導的氣度。想讓一群人對你服從，不是光有才華就可以實現的。

【選擇 B】
你的領導才能發揮在小團體裡還可以，一旦人變多了，關係變得複雜了，你就會掌控不住，甚至招致埋怨。

【選擇 C】
你是天生的領導者，有指揮群眾的天賦和魅力。大家喜歡找你解決問題，期盼和你在一起共事。

【選擇 D】
你在團體當中通常是一個幫大家做事的角色。隨遇而安的個性，讓你覺得照顧好自己最實在。

5 250定律

世界最偉大的推銷員喬·吉拉德在商戰中總結出了250定律。他認為，每一位顧客身邊，大概有250名親朋好友。如果你贏得了一位顧客的好感，就意味著贏得了250個人的好感；反之，如果你得罪了一名顧客，也就代表得罪了250名顧客。

定律摘要

世界最偉大的推銷員喬·吉拉德在商戰中總結出了250定律。他認為，每一位顧客身邊，大概有250名親朋好友。如果你贏得了一位顧客的好感，就意味著贏得了250個人的好感；反之，如果你得罪了一名顧客，也就代表得罪了250名顧客。因為在每個顧客的背後，都有與他關係比較親近的人：如同事、鄰居、親戚、朋友。如果一個推銷員在年初時有兩個顧客對他的服務態度不滿意，到了年底，由於連鎖影響就可能有500個人不願意和這個推銷員打交道。這就是喬·吉拉德的250定律。這一定律有力地論證「顧客就是上帝」的真諦。

由此，喬·吉拉德得出結論：在任何情況下，都不要得罪顧客，哪怕是一個。我們必須認真對待身邊的每一個人，因為每個人的身後都有一個相對穩定、數量不小的群體。善待一個人，就像點亮一盞燈，瞬時能照亮一大片。

在喬‧吉拉德的推銷生涯中，他每天都將250定律牢記在心，抱定生意至上的理念，時刻控制自己的情緒，不因顧客的刁難，或不喜歡對方，或是自己心情不佳等原因而怠慢顧客。喬‧吉拉德說：「你只要趕走一個顧客，就等於趕走了潛在250個顧客。」

有這樣一個故事，驗證了250定律。

有一條汽車路線，是從小港口開往火車站的，客運公司僅安排了兩輛中巴來回對開。開101的是一對夫婦，開102的也是一對夫婦。坐車的大多是一些漁民，由於他們長期在海邊生活，因此一進城往往是一家老小。

101號的女車掌很少讓漁民給孩子買票，即使是一對夫妻帶了幾個孩子，她也毫不在乎。有的漁民過意不去，她就笑著說：「下次帶幾個蛤蜊來，這次讓你免費坐車。」102號的女車掌正好相反，只要帶孩子的，她都要求買票。她總是說：「這車是承包的，哪個月交不足錢，馬上就幹不下去了。」漁民們也理解，因此，都相安無事。

不過，三個月後，102號停開了。它應驗女車掌先前的話：馬上就幹不下去了──因為搭她車的人很少。

處處以自己為中心的人，過分地強調別人是自己利益的侵犯者，卻看不到自己的根本利益恰恰就在別人的賜予之中。沒有愛心，漠視「我為人人，人人為我」這個規則的人必將吃虧。

不要得罪每一位顧客

沃道夫受雇於一家超級市場，擔任收銀員。有一天，他與一位中年婦女發生了爭執。

「小夥子，我已將五十美元交給你了。」中年婦女說。

「尊敬的女士，」沃道夫說，「我並沒收到您給我的五十美元呀！」

中年婦女有點生氣。沃道夫立刻說：「超市有自動監視設備，我們一起去看一下現場錄影吧。誰是誰非就很清楚了。」

中年婦女跟他去了。錄影內容顯示：當中年婦女把五十美元放到收銀台上時，前面的顧客順手牽羊給拿走了，而這一情況，誰都沒注意到。

沃道夫說：「女士，我們很同情您的遭遇，但按照法律規定，錢交到收銀員手上，我們才承擔責任。現在，請您付款。」

中年婦女的說話聲有點顫抖：「你們管理有欠缺，讓我受到了屈辱，我不會再到這個讓我倒楣的超市來了！」說完，她付了款就氣沖沖地走了。

超市總經理約翰當天就獲悉了這一件事，並立即做出辭退沃道夫的決定。一些部門主管，還有其他員工都來為沃道夫說情和鳴不平，但約翰的意志很堅決。

沃道夫很委屈。約翰找他談話：「我想請你回答幾個問題。那位女士做出此舉是故意的嗎？她是不是個無賴？」

沃道夫說：「不是。」

約翰說：「她被我們超市人員當做一個無賴請到警衛室裡看監視錄影帶，是不是讓她的自尊心受到傷害？還有，她內心不快，會不會向她的家人、親朋訴說？她的親戚朋友聽她哭訴後，會不會對我們超市也產生反感心理？」

面對一連串提問，沃道夫都一一說「是」。

約翰說：「那位女士會不會再來我們超市購買商品？像我們這樣的超市在紐約到處都有，凡是知道那位女士遭遇的人會不會再來我們超市購買商品？」

沃道夫說：「不會。」

「問題就在這兒，」約翰遞給沃道夫一個計算機，然後說，「每個顧客的身旁大約有250名親朋好友，而這些人又有同樣多的各種關係。商家得罪一名顧客，將會失去幾十名、數百名甚至更多的潛在顧客；而善待每一位顧客，則會產生同樣的正面效

應。假設一個人每週到超市購買二十美元的商品，那麼，氣走一個顧客，這個超市在一年之中會有多少損失呢？」

幾分鐘後，沃道夫就計算出答案，他說：「這個商店會失去幾十萬甚至上百萬美元的生意。」

善待一位顧客，就點亮了一盞明燈

一個刮著北風的寒冷夜晚，路邊一間簡陋的旅店來了一對上了年紀的客人，不幸的是，這間小旅店早就客滿了。

「這已是我們詢問的第十六家旅社了，外面這麼冷，到處客滿，我們怎麼辦呢？」這對老夫妻望著店外陰冷的夜晚發愁。

店裡小夥計不忍心這對老人家受凍，便建議說：「如果你們不嫌棄，今晚住在我的房間吧，我自己隨便打個地鋪就行了。」

老夫妻非常感激，第二天照旅店價格要付客房費，小夥計拒絕了。臨走時，兩夫婦開玩笑似地說：「你經營旅店的才能真夠當上一家五星級飯店的總經理。」

「那很好啊，起碼收入多些，可以養活我的老母親。」小夥計哈哈一笑，隨口應和道。

兩年後的某一天，小夥計收到一封寄自紐約的信，信中邀請他去拜訪當年那對睡他床鋪的老夫妻，另附有一張前往紐約的來回機票。

小夥計來到繁華的紐約，老夫妻把他引到第45街和第34街交叉口，指著那兒的一幢摩天大樓說：「這是一座專門為你興建的五星級飯店，現在我正式邀請你來擔任總經理。」

年輕的小夥計因為一次惻隱之心的助人行為，美夢成真。這就是著名的奧斯多利亞大飯店總經理喬治·波菲特和他的恩人威廉先生一家的真實故事。

愛人就是愛自己，每善待一位顧客，你就點亮了一盞吸引更多顧客的明燈，這就是250定律的基礎。

讓我們再來看一個例子。

泰國的泰福飯店是亞洲的頂級旅館，那裡幾乎天天客滿，不提前預訂是很難有機會入住的，而且客人大都來自西方經濟大國。泰國的經濟在亞洲算不上特別發達，但為什麼會有如此吸引人的飯店呢？他們靠的是非同尋常的客戶服務，也就是現在經常提到的客戶關係管理。

他們的客戶服務到底好到什麼程度呢？透過以下的實例就可以看出來。

羅勃‧斯皮爾因公務經常出差泰國，並下榻在泰福飯店。第一次入住時，良好的飯店環境和服務就給他留下了深刻的印象，當他第二次入住時幾個細節更使他對飯店的好感迅速升級。

那天早上，在他走出房門準備去餐廳的時候，樓層服務生恭敬地問道：「斯皮爾先生是要用早餐嗎？」他一臉狐疑，反問：「你怎麼知道我的名字？」服務生說：「我們飯店規定，晚上要背熟當天入住所有客人的姓名。」這令斯皮爾大吃一驚，因為他頻繁往返於世界各地，住過無數高級酒店，但這種情況還是第一次碰到。

斯皮爾高興地乘電梯來到餐廳所在的樓層，剛剛走出電梯門，餐廳的服務生就說：「斯皮爾先生，裡面請。」斯皮爾更加疑惑，因為服務生並沒有看到他的房卡，就問：「你知道我的名字？」服務生答：「剛剛接到樓上的電話，說您已經下樓準備用餐了。」如此高的效率讓斯皮爾再次大吃一驚。

斯皮爾剛走進餐廳，服務小姐微笑著問：「斯皮爾先生還要老位子嗎？」斯皮爾臉上的問號再次顯現，心想：「儘管我不是第一次在這裡吃飯，但最近的一次也有一年多了，難道這裡的服務小姐記憶力那麼好？」看到斯皮爾驚訝的目光，服務小姐主動解釋說：「我剛剛查過記錄，您於去年的五月六日在靠近第三個窗口的位子上用過早餐。」斯皮爾聽後興奮地說：「老位子！老位子！」小姐接著問：「老樣子？一個三明治，一杯咖啡，一個

雞？」現在斯皮爾已經不再驚訝了：「老樣子，就要老樣子！」斯皮爾已經興奮到了極點。

送餐時餐廳贈送了斯皮爾一碟小菜，由於這種小菜是他第一次看到，就問：「這是什麼？」服務生後退兩步說：「這是我們特有的小菜。」服務生為什麼要先後退兩步呢？原來他是怕自己說話時口水不小心落在客人的食物上。這種細緻的服務不要說在一般酒店，就連美國最好的飯店裡都沒有見過。這一次早餐給斯皮爾留下了終生難忘的印象。

後來，由於業務調整的原因，斯皮爾有三年的時間沒有再到泰國去。在斯皮爾生日的時候，突然收到一封泰福飯店寄來的生日賀卡，裡面還附了一封短信，內容是：

「親愛的斯皮爾先生，您已經有三年沒有大駕光臨了，我們全體人員都非常想念您，希望能再次見到您。今天是您的生日，祝您生日快樂！」

斯皮爾當時激動得熱淚盈眶，發誓如果再去泰國，絕對不會到任何其他飯店，一定要住在泰福，而且要說服所有的朋友也像他一樣選擇泰福。

泰福飯店的成功是遵循了250定律的原理：服務不好，顧客就不會再上門，而且會讓周遭的人知道這一點；服務優質，顧客不但會自己再次光顧，而且可能會介紹更多的人前來。迄今為止，世界各國約十八萬人曾經入住過那裡，套用他們的話說，只要每年有十分之一的老顧客再度光臨，飯店就會永遠客滿。所以說，每善待一位顧客，就點亮了一盞吸引更多顧客的明燈。

誠信是推銷的最佳策略

誠信成為社會熱門話題絕非偶然，每個人出世後就帶著一份信用紀錄，這份紀錄將是這個人一生的誠信記載，是對誠信的考核，在社會活動中有著重要的作用，沒有誠信的人將寸步難行。

　　做人要有誠信，推銷也要有誠信。喬‧吉拉德說，誠信，是推銷的最佳策略，而且是唯一的策略。

　　誠信是生意之本，所以推銷時不能用欺騙的手段來吸引顧客，如將商品的價格說得很低，或是將質量誇大等，這樣做不僅不能幫助銷售，反而會帶來負面的影響。

　　在推銷過程中需要說實話，一是一，二是二。大多數推銷員所說的話，顧客事後都是可以查證的。喬‧吉拉德說：「任何一個頭腦清醒的推銷員，都不會謊報汽車的汽缸數，否則，顧客只要一掀開車蓋檢查一下，謊言就會被揭穿。」

　　誠信是推銷的生命，如果失去了信用，也許一筆大買賣就會泡湯。

　　一九八○年，浙江省溫州市倉南縣一家生產編織袋的鄉鎮企業，準備派幾個人出去推銷產品，老實木訥的李正也被選上了。他「出身不好」，文化水平低，從來沒有做過生意，什麼叫「口才」，什麼叫「推銷技巧」，什麼叫「人際關係」，他根本就不懂。

　　這天，李正來到一家公司的供銷科，科長問：「你是……」李正連忙把編織袋樣品擺到桌上，並結結巴巴地自我介紹：「我是倉南縣湖前鎮的農民，家庭出身富農，大隊信任我，派我出來推銷產品……」

　　聽了李正滿臉真誠的介紹，在場的人全都愣住了。這哪像做生意，簡直就像坦白交代問題。科長聽完，把手一擺，不置可否地說：「好吧，樣品留在這裡，你過兩天再來聽回音。」

　　第三天一早，李正早早來到供銷科。一進門，科長便遞給他一份電報。李正接過一看，臉色馬上變了。原來這份電報是倉南縣一個匿名者發來的，說李正是富農出身，不要跟他做生意。李正把電報還給科長，二話沒說，拎起編織袋樣品轉身要走。科長一把拽住他，笑咪咪地說：「正因為來了這份電報，我們才覺得你不僅老實可靠，而且也肯定會講誠信的。所以，我們願意與你

做生意。」

就這樣，李正以老實與誠信取勝，打開了推銷業務的大門，他先後銷售出價值一百多萬元的編織袋產品。

誠信是商業交易的基石，誠信之於商人，恰如榮耀之於戰士。從長遠的觀點看，誠信是一筆重要的資產，生意人的成功是靠良好的誠信來保證的。

在經商中，以誠信為籌碼，產品和服務就會充滿無可估量的潛力，未來大有可為，生意也就能長久。

讓我們再來看下面這個故事。

數位設備公司總經理奧爾森是美國大名鼎鼎的人物，曾被《幸福》雜誌評為「美國最成功的企業家」。他的父親奧斯瓦爾德是一個沒有大學文憑的工程師，擁有幾項專利，後來成為一名推銷員。

一次，一個顧客想購買他推銷的機器，但他發現這個顧客並不真正需要這台機器，於是他極力勸阻顧客不要購買。此事讓他的老闆火冒三丈，卻為奧斯瓦爾德贏得了好名聲。

同時，奧斯瓦爾德的誠信品德也給了三個兒子很大的影響。奧爾森本人在為人處世上就秉承了父親的優點：辦事講原則，合作必誠信。因此，他在員工和商業夥伴中擁有非常好的口碑。

有些話雖然是陳腔濫調，但卻是真理：誠信經營是商業中的最上策，也是推銷員想建立長期穩定職業生涯的最佳策略。欺詐和非分妄為雖然一時能夠獲利，但終究會歸於破滅，惟有誠實和正直才能獲得永恆的成功。信用有小信用和大信用，大信用固然重要，卻是由許多小信用累積而成。有時候，守了一輩子的信用，只因失去一個小信用而使唾手可得的生意泡湯，這好比柱子被白蟻蛀壞而使整個房子倒塌一樣，也正如250定律所言。因此，推銷高手們是最需要講誠信的——有一說一，實事求是，對顧客以誠信為先，以品質為本。

測驗一　你容易得罪人嗎？

你是不是經常覺得自己很孤立？經常感覺每一個人都對你有敵意，每一個眼光都充斥著輕蔑、嘲諷和不快？測試一下，看看你是否在社交圈內真的扮演著得罪人的角色。

如果你抱著一個精美的玻璃製品小心翼翼地進了捷運車廂，這是朋友剛送的禮物；不幸的事發生了，一個急著上車的人撞倒你──東西碎了，而這個人竟然是你以前的鄰居，這時你會：

（　）A. 不管是誰，大發雷霆，把對方罵得血淋頭。

（　）B. 算了，自認倒楣，只能氣在心裡。

（　）C. 要求對方照價賠償。

（　）D. 安慰他說：「沒事的，不要緊。」

答案解析

【選擇 A】

你總是認為朋友只是暫時的關係，而真正給你安全感的是摸得到、看得到的財富或物質。在你的觀念中，朋友不會比心愛的東西來得重要。正因如此，你的朋友到最後都會成為你的敵人。事實上，你的人際關係在心理上的出發點就有點偏差，所以即使你的敵對意識不是很強，你對人際關係的需求也不會很渴望。曾經是朋友的人，都會覺得不受尊重而相繼離開。如果你的觀念還是不改，當然敵人會愈來愈多。

【選擇 B】

你在處理人際關係的心態上，有點委曲求全，可能是怕和別人形成敵對狀態，而這種敵對狀態會給你帶來很大的心理壓力和精神負擔，所以你沒有信心去處理這些關係。寧可退一

步，以求大局和平。你是一個怕得罪人的人，在表面上只能自認倒楣，但在心底卻會憤怒不已而又不敢表現出來。像這種壓抑自己來成全人際關係的做法，對自身是一種傷害。為了怕得罪別人而選擇隱忍，可能會漸漸離群索居，自我封閉起來。到時候，所有的人都會視你為異物，你會覺得更孤立。其實，改變一下心態是可以解決問題的。

【選擇 C】

你覺得和所有朋友都處於對等狀態，沒有誰怕誰，誰讓誰的說法。因此，你的態度很客觀，也很中立。不會預設立場，把自己的敵我意識先擺出來，或者先設定自己的受害意識。這樣的處理方式，應該是大多數人可以接受的做法。不過，要是遇到一些自我意識較強烈的人，你就會被認為太不講人情，因而得罪對方。基本上這種做法不會傷害你的人際關係，卻也阻隔了進一步的發展。畢竟人都是要面子的，你要對方賠償，就表示彼此的友誼還不是很深。對方在你心中的分量還不是大到可以不用計較，所以即使對方表面不會在意，但他心底總有些疙瘩。

【選擇 D】

你很尊重對方的自尊和價值，讓對方感受到他自己是一個很受重視的人。因此，他除了感謝之外，還會以對等的態度回報你，將你當成最好的朋友。在你處理人際關係的觀念中，知道人的價值是重過一切的。因此你在處理事情的時候，會不自覺地以客觀的立場來考慮利害得失。就是因為重視朋友，給朋友面子，所以你的人際關係是很圓滿的。當然，敵人也不會出現。你真是太好了，絕對不會有人對你有敵意，除非他腦筋有問題。

測驗二　你是誠信的人嗎?

　　生活中，我們經常會遇到這樣的情況：有人說買到假冒偽劣的黑心商品，有人說被好朋友出賣感情，有人甚至質疑人與人之間是否還可以坦誠相對。鑑於種種情況，我們來做一個心理測試——你是誠信的人嗎?

( )　❶在公司內撿到一只手機，你會怎樣處置?
　　　　A 交給主管　　B 占為己有

( )　❷與朋友約會結果遲到了，你會怎麼辦?
　　　　A 坦誠並道歉　　B 找藉口敷衍

( )　❸考試時別人要你寫答案給他，你會怎麼辦?
　　　　A 不理他　　B 寫上答案傳給他

( )　❹有人說，當今社會講信用的人太少了，與別人講信用會吃虧的。你同意嗎?
　　　　A 不同意　　B 同意

( )　❺一個年輕人跋涉在漫漫人生路上，渡河時風起雲湧，要他丟掉健康、美貌、誠信、機敏、才學、金錢、榮譽七個背囊中的一個，他拋棄了誠信。你覺得他做得對嗎?
　　　　A 不對　　B 對

答案解析

以上題目選 A 得（1分），選 B 得（0分）。

【0分】
這類人就像題❺中的年輕人一樣，拋棄了誠信。周幽王便是典

型的代表。為博寵姬褒姒一笑，竟然下令點燃烽火台，讓四方諸侯匆忙趕來勤王。一次這樣，兩次這樣，到第三次敵人真正侵犯時，已經沒有人來了。他雖然博得美人一笑，但卻失掉了江山，也失去做人最基本的誠信。這個歷史版的「狼來了」不正告訴我們誠信的重要嗎？所以這類人要好好反思一下自己，免得以後變成第二個周幽王。

【1～4分】
這類人對誠信在不同程度上有些懷疑，處於誠信與欺騙的交叉路口。衷心勸告這類人要擦亮自己的心靈，選擇正確的誠信之路，以免一失足成千古恨，後悔莫及。

【5分】
你是一個誠信的人，若能堅持下去，誠信會幫你成就一番事業的。就如商鞅，當年為了變法，他貼出告示，只要有人肯移動木椿，就賞他黃金。結果真有人搬了木椿，他也信守承諾，發賞黃金。結果，他贏得了秦國人民的信任，變法成功。商鞅的故事告訴我們，誠信是通向成功的鑰匙。希望你能正確認識和對待誠信，讓它煥發光彩。

⑥ 墨菲定律

「墨菲定律」源自於一名叫墨菲的美國上尉。他認為某位同事是個倒楣鬼，便不經意地說了句笑話：「如果一件事情有可能被弄糟，讓他去做就一定會弄糟。」後來這句話被引申發展，出現了一些其他的表達形式，比方說「如果壞事有可能發生，不管這種可能性多麼小，它總會發生，並引起最大可能的損失」，「會出錯的，終將會出錯」等。

定律摘要

　　「墨菲定律」也稱「莫非定律」、「莫非定理」或「摩菲定理」，是西方世界常用的俗語。墨菲定律源自於美國一位名叫墨菲的上尉。他認為某位同事是個倒楣鬼，不經意地說了句笑話：「如果一件事情有可能被弄糟，讓他去做就一定會弄糟。」這句話迅速流傳。在四處散播的過程中，它逐漸失去原有的局限性，演變成各種各樣的形式，其中一個最通行的說法是：「如果壞事有可能發生，不管這種可能性多麼小，它總會發生，並引起最大可能的損失。」

　　多年之後，墨菲定律逐漸進入慣用語範疇，其內涵被賦予了無窮的創意，出現了眾多的變體，如「會出錯的，終將會出錯」，「笑一笑，明天未必比今天好」，「東西越好，越不中

用」，「別試圖教豬唱歌，這樣不但不會有結果，還會惹豬不高興」等。

基本上而言，根據墨菲定律可以推出四項理論：一是任何事都沒有表面看起來那麼簡單；二是所有的事都會比你預計的時間長；三是會出錯的事總會出錯；四是如果你擔心某種情況發生，那麼它就更有可能發生。

我們都有這樣的體會，如果在街上準備攔一部計程車去赴一個時間緊迫的約會，你會發現街上所有的計程車不是有客就是根本不理你，而當你不需要叫車的時候，卻發現有很多空車在你周圍出現，只待你一招手，它們就會隨時停在你面前。如果一個月前在浴室不小心打碎了鏡子，儘管經過了仔細檢查和沖洗，你也不敢光著腳走路，等過了一段時間確定沒有危險了，不幸的事還是照樣發生——你被碎玻璃扎了腳。如果你把一片白吐司掉在新地毯上，它兩面都可能著地，但你把一面塗有果醬的吐司掉在新地毯上，常常是有果醬的那面朝下。你口袋裡有兩把鑰匙，一把是房間的，一把是汽車的，如果你現在想拿出車鑰匙，會發生什麼？是的，你拿出的往往是房間的鑰匙。

墨菲定律告訴我們，我們在事前應該儘可能想得周到、全面一些，採取多種保險措施，防止偶然發生的人為疏失導致錯誤或災難。如果真的發生損失或者不幸，就應該積極面對，問題的關鍵在於終結所犯的錯誤，而不是企圖掩蓋它。

不能忽視機率小的危險事件

由於小機率事件在一次實驗（或活動）中發生的可能性很小，因此，就給人們一種錯誤的理解，即在一次活動中不會發生。其實，正是由於這種錯覺，麻痺了人們的安全意識，加大了事故發生的可能性，其結果是事故可能頻繁發生。

二〇〇三年美國「哥倫比亞」號太空梭即將返回地面時，在

美國德州中部地區上空解體，機上六名美國太空人以及首位以色列太空人拉蒙全部罹難。「哥倫比亞」號太空梭失事的原因雖然非常複雜，但這不能不說明小機率事件也會常發生的客觀事實。這正印證了墨菲定律。

縱觀無數大小事故原因，可以得出結論：「認為小機率事件不會發生」是導致僥倖心理和麻痺思想的根本緣由。墨菲定律正是從強調小機率事件的角度明確指出：雖然危險發生的機率很小，但在一次實驗（或活動）中，仍可能發生。墨菲定律告訴我們：不能忽視小機率事件，必須要有危機意識。

孟子曰：「生於憂患，死於安樂。」人是如此，企業的發展也不例外。

對於企業經營者來說，危機不是一種意外，而是一種必然，企業的成長正是在不斷戰勝危機中實現的。

二十世紀七〇年代，出現了石油危機，由此引發全球性的經濟蕭條，日本的日立公司也深陷其中。公司首次出現了嚴重虧損，困難重重。為了扭轉這種頹勢，日立的高層做出了一項驚人的人事管理決策。

一九七四年下半年，全公司所屬工廠三分之二的員工共有六十七萬五千人暫時離廠回家待命，公司發給每個員工原工資的97～98％作為生活費。

這項決策對日立公司來說，是一項人事管理的權宜之計，它雖然節省不了什麼經費開支，但它可以使員工產生一種危機感，一種憂患意識。

一九七五年一月，又將這項決策實施到四千多名管理幹部身上，且對他們實行幅度更大的削減工資措施，從而使他們也產生了憂患意識。

同年四月，將新錄用工人的上班時間推遲了二十天，促使新員工一進入公司便戰戰兢兢。這樣做同時也讓其他老員工繃緊了神經。

在採取上述一連串管理措施之後，全公司包括新舊員工在內都開始更加努力工作，絞盡腦汁為公司的振興出謀劃策。就這樣，在憂患意識的誘發下，全體員工共同努力，公司取得了十分令人滿意的業績。一九七五年三月，日立公司的利潤結算只有一百八十七億日圓，比去年同期少了三分之一。而實施憂患意識管理之後，僅僅過了半年，它的利潤便翻了一倍，達到三百多億日圓。

企業管理者在經營發展過程中，如果能從改變員工惰性這個角度著手，適時製造危機，利用危機去攻擊它、刺激它、克服它、戰勝它，對企業的發展來說，不失為一件好事。危機雖然可怕，但卻是讓員工展現自我、激發潛能最有效的武器。

那麼，對於個人而言，應如何把危機意識落實在日常生活中呢？這可分成兩方面來談。

首先，我們應將危機意識落實在心理上，也就是心理要隨時有接受突發狀況的準備，藉時才不會手足無措。

其次，在生活中、工作上和人際關係方面，我們要有以下的認識：

★人有旦夕禍福，如果遇上意外的災難，生活怎麼繼續？要如何解決困難？

★世上沒有天長地久的事，萬一失業了，有何退路？

★萬一最信賴的人，包括朋友、夥伴變心了，如何應對？

★萬一健康出了問題，怎麼辦？

其實你要想的「萬一」並不只這幾樣，所有的事你都要有「萬一……怎麼辦」的危機意識，並未雨綢繆，早做準備。尤其對關乎前程與生存的事業，更應該有危機意識，隨時把「萬一」擺在心裡。當然，也不可總是心存恐懼，惶惶不可終日。

不要心存僥倖

　　一般人被蜜蜂螫過一次就會知道，不要隨便去招惹它們。傻瓜被蜜蜂螫過幾次才知道，而聰明人看別人被螫就知道。而實際生活中，這種聰明人畢竟還是少數，大多數的人雖聽說過或者是看到別人被蜜蜂螫，但僅僅只是看到或聽到，自己並沒有那份經歷和痛楚，非得等到真的被蜜蜂螫過一次以後，才會痛徹心扉地明白：不能招惹蜜蜂。

　　上述言論看起來很奇怪，明明已經知道別人被蜜蜂螫了，為什麼還不提高警覺，少招惹它們呢？這就與人的僥倖心理有關，總認為自己不會是最倒楣的那一個，或者說總是存在著過多而且過於美好的希望，以為會出現轉機，或者認為這是天上掉禮物的好機會，於是就放鬆了戒心。

　　墨菲定律的實質告訴我們：不要存有僥倖心理。

　　僥倖，實際上是一種自欺欺人的不健康心理。心存僥倖者把偶然得到的成功或免去災難的事實看做是具有普遍性的；心存僥倖者總以為運氣好，就這麼一次是不會出問題的。僥倖是犯錯的偶然，犯錯是僥倖的必然。僥倖一時，往往會不幸一生。

　　在生活中，自行車逆向行駛，摩托車走人行道，汽車在馬路上任意轉彎掉頭，行人闖紅燈等違規事例屢見不鮮。可以說每個人心裡都很清楚這樣做的危險性，但卻明知故犯。這幕後的主謀到底是什麼呢？——僥倖。人們在十字路口準備過馬路時，往往會忽略交通規則。紅綠燈或站崗交警指揮著車輛，也指揮著行人，我們應該按「紅燈停，綠燈行」的指示過馬路 ，而不是抱著僥倖的心理想：「反正沒有車，趕緊跑過去就是了！」或者：「我才沒那麼倒楣呢！」等。有很多交通事故就是因為司機的一時疏忽和不注意造成的，他們通常也都是抱著種種僥倖的心理，而最後都釀成一個個無可挽回的悲慘結局……

　　在企業的管理過程中，我們經常會看到「墨菲」如影隨形，

例如，在訂單交貨的關鍵時刻，一台重要的設備突然出現故障。這都是因為我們存在僥倖心理，沒有事先檢查的緣故。如何解決這類情況，確保企業正常營運，避免帶來重大損失，是值得各階層管理者認真思索的問題。從墨菲定律帶給我們的啟示來看，我們可以從以下幾點著手：

★周密計劃，設想各種可能發生的事情、狀況或趨勢，不忽略小機率事件。

★對會造成重大事故的情形建立預警機制。

★準備好應急措施、對策。

★將應急措施、對策宣導給相關人員，必要時組織類比演練。

★隨時根據事物的發展狀況進行應急措施、對策的調整。

預想和擔心的事情，往往會發生

多年來，「如果一件事情可能發生，那麼它就一定會發生，會出錯的，終將會出錯」這一解釋，普遍被認為是對墨菲定律最好的闡述。

比如，司機違規就可能發生事故。也許有人認為我經常違規，也都沒有發生事情，但事故可能就在你下一次違規時等著你。只有不再違反交通規則，才能消除發生事故的可能，確保安全。

還有一條對墨菲定律的經典解釋：如果一件事情有可能向壞的方向發展，就一定會向最壞的方向發展。

在某建築工地，有一個工具箱在收工時沒有被及時收走，而遺忘在某個高處。按常理說，如果工具箱沒有受到外力碰撞，應該是不會出什麼事的。但事情偏就巧得很，有個工人正好發現了這個工具箱，他擔心不拿走的話，掉下去會砸傷別人。於是他小心翼翼靠近工具箱，心想千萬別碰掉了。但就是這麼巧，他手

一滑，沒抓住工具箱，還是讓它從高處掉了下去。下面本來已經沒有什麼人了，應該不會有事，又剛好工地經理開著車回來拿東西，工具箱重重地砸在轎車頂上。照說，工具箱頂多把轎車砸壞，人應該沒事。可天不從人願，工地經理突然聽到一聲巨響，驚慌失措，猛一轉方向盤，就把車撞上旁邊的建築物。轎車撞得歪七扭八變了形，人也沒命了。

墨菲定律指出，如果有兩種選擇（可能），其中一種將導致災難，則必定有人會做出這種選擇（糟糕的可能必然發生）。我們可以用「信則有，不信則無」這句話來解釋。

一個很相信算命的人被告知，兩個月內他將死於車禍。他嚇壞了，打算兩個月足不出戶，以避免在他看來幾乎是無法躲避的車禍。五十八天過去了，他很鬱悶，也很無聊，決定下樓看看。可是，當他走到最後兩個台階時，踩到了一輛很小的玩具汽車，腳一滑，後腦勺磕在樓梯台階上——摔死了。

很多事情就是如此。一個人日常所擔心發生的人和事，都是基於他對所接觸的人和事之觀察、了解和憂慮的，往往不是空穴來風，所以事情按「預想」發生的機率相當高。

墨菲定律指出，如果你擔心某種情況發生，那麼它就更有可能發生，或者說，可能會發生的事情，就會發生。在現實生活中，我們常常會遇到下列情形，這些都是墨菲定律在作用的結果。

★雖說好的開始，未必就有好結果；但壞的開始，常常會更糟。

★攜伴出遊，越不想讓人看見，有時越會遇見熟人。

★硬著頭皮寄出的情書，寄達對方的時間有多長，反悔的時間就有多長。

★一種產品保固六十天不會故障，有時偏巧在第六十一天就壞掉。

★東西擱置很久都派不上用場，可剛剛丟掉，就急需要用

它。

　　★遺失東西時，最先去找的地方，往往也是可能找到的最後一個地方。

　　★時常會找到不是正想找的東西。

　　★在電影院裡看電影，剛去買爆米花或上廁所的時候，就錯過了精彩鏡頭。

　　★排隊買票或結帳時，左邊移動的比較快；你剛換到這一邊，原來站的右邊，就開始快速移動了；你站得越久，越有可能發現站錯了地方……

正確面對已發生的錯誤或失敗

　　墨菲定律認為，該發生的事情永遠都會發生，而它發生的時間和地點，永遠都是你意想不到的。從廣義上來說，墨菲定律或多或少地存在著一些消極性，這往往會給那些失敗者或是犯錯誤的人一個冠冕堂皇的藉口，讓他們可以心安理得地自我安慰，而不用背上包袱。

　　其實，墨菲定律的意涵，並不是告訴我們「該發生的總會發生」、「任何小的問題都可能引出大的麻煩」、「覺得會失敗一定就會失敗」等這樣簡單的道理。而是提醒我們：要正確面對已發生的錯誤或失敗，把事情的下一步做好。不要受錯誤的影響，坦然面對失敗，並勇敢接受新的考驗。

　　我們每個人都會經歷失敗，都會犯錯誤，但真正能勇敢面對的人又有多少呢？那些能坦然面對錯誤與失敗的人，往往都會冷靜思考，總結教訓；而那些不能坦然面對錯誤與失敗的人，卻往往陷於苦惱不已，甚至不能自拔，喪失了奮力向前的勇氣。想通了這一點，也許我們就知道應該選擇哪一種生活態度。

　　墨菲定律告訴我們，人類雖然愈來愈聰明，但容易犯錯是人類與生俱來的弱點，不論科技有多進步，錯誤還是會發生。而且

我們解決問題的手段越高明，面臨的麻煩可能就越嚴重。

其實，錯誤是世界組成的一部分，與錯誤共生是人類不得不接受的現實。但錯誤並不總是壞事，從錯誤中汲取教訓，再一步步走向成功的例子也比比皆是。因此，錯誤經常是成功的墊腳石。

錯誤能告訴我們什麼時候應該轉變方向。當事情順利時，我們通常不會想太多；但當事情不順利或沒做好時，我們才會發現錯誤調整方向。

錯誤可以引導人想出更多細節上的事情。假如你的工作不需要很高的創新性，你犯的錯誤就可能很少；但是如果你需要經常做從未做過的事，或正在做新的嘗試，那麼發生錯誤的機率就很高。發明家不僅不會被成千上萬次的失敗所擊倒，而且還會從中得到新創意。在idea萌芽階段，錯誤或失敗是創造性思考的必經過程。

每當出現錯誤時，多數人的反應是：「哎呀，又錯了，真是倒楣啊！」而有創造力的思考者就會抓住機會，了解錯誤的潛在價值，他們會說：「噢，這個錯誤使我想到什麼？」然後會把這個錯誤記錄下來，以此來調整思路，產生新的創意。

事實上，在人類文明史上有許多利用錯誤假設和失敗觀念來產生新創意的人。哥倫布錯以為他找到一條到印度的捷徑，結果卻發現新大陸；開普勒偶然間由錯誤的理由得到行星間引力的概念；愛迪生也是實驗上萬種不能做燈絲的材料後，最終找到了鎢絲。

墨菲定律認為，事情如果有失敗的可能，不管這種可能性有多小，它總會發生。反之，也可以這樣解釋：事情如果有成功的可能，不管這種可能性有多小，只要堅持，它也會發生。不管你出現過什麼錯誤，經過多少挫折和失敗，只要你記取教訓，變被動為主動，就一定會創造出奇蹟。

7 蘑菇定律

蘑菇管理是許多組織對待新人的一種心態，他們被置於陰暗的角落（不受重視的部門，或做些打雜跑腿的工作），澆上一頭水肥（無端的批評、指責、代人受過），任其自生自滅（得不到必要的指導和提攜）。

定律摘要

所謂蘑菇定律，是指許多組織對待新進人員的一種管理方法，職場新兵往往遇到這樣一個境遇：被安排在不受重視的部門幹跑腿打雜的工作——蘑菇總是被置於陰暗的角落；要受到無端的批評、指責、代人受過——蘑菇老是莫名其妙地被澆上一頭水肥；得不到必要的指導和提攜——任由蘑菇自生自滅。

據說，蘑菇定律是二十世紀七〇年代由一批年輕的電腦工程師「編寫」的，這些獨來獨往的人早已習慣了人們的誤解和漠視，所以在這條定律中，自嘲和自豪兼而有之。

相信很多人都有過這樣一段「蘑菇」經歷，這不一定是什麼壞事，尤其是一切剛剛開始的時候，當幾天「蘑菇」能夠消除我們很多不切實際的幻想，讓我們更加接近現實，看問題能夠更實際。

企業組織一般對新進人員都是一視同仁。無論你是多麼優

秀的人才，在開始工作的時候， 都只能從最簡單的事情做起，「蘑菇」的經歷，尤其對年輕人來說，是必須經歷的一個過程，它能有三個作用：

1. 消除不切實際的幻想

很多年輕人走出校園時，認為自己一開始工作就應該得到重用。但他們缺乏經驗，也欠缺擔當重任的能力，只有經過一段時間的磨練，消除不切實際的幻想，才能慢慢成長起來。

2. 消除對成績的沾沾自喜

對於新人來說，在做完工作、取得成績之後，總是希望上司和同事會注意自己，最好還能加上一兩句讚美；如果遇到挫折或做錯某事，總以為別人時刻盯著自己，隨時準備責備。其實，每個人都有著自己繁重的工作和生活的煩惱，沒有人有時間刻意去注意別人。

3. 加快適應社會的進程

要想在職場上遊刃有餘，不僅要有專業的知識和技術，還要有各種社交能力。那些辦事能力強、工作積極的人，都有某些共同的行為標準和思考模式，管理學家稱之為「職場適應行為」。人們是否能適應職場中各種生存淘汰和遊戲規則，決定於最初一段時間的成長進程。

所以，如何高效率地走過生命的這一段，從中儘可能汲取經驗，成熟思考，並樹立值得信賴的個人形象，是每個剛入社會的年輕人必須面對的課題。

破解蘑菇定律

「蘑菇」經歷對於成長中的年輕人來說猶如破繭成蝶，如果

承受不起這些磨難就永遠不會成為展翅的蝴蝶，所以儘快通過這一「蘑菇」階段，並有所吸收，才能慢慢成熟。當然，如果「蘑菇」時間過長，有可能成為眾人眼中的無能者，自己也會漸漸認同這個角色。

現在有許多大學或研究所剛畢業的新人，放不下高學歷的身段，他們不能忍受基層這種平凡或平庸的工作，從而態度消極想跳槽，這也造成現代年輕人常換工作、眼高手低的陋習。

那麼「蘑菇」該怎樣出頭呢？關鍵是要儘快融入一個團隊，從團隊中多多獲得營養和支援，然後趕緊冒出地面。

凡有組織，就離不開人際關係。儘管契約有著重要作用，但是，如果把各種關係都建立在白紙黑字上，毫無通融餘地，則會被認為是冷酷無情。事實上，人與人之間如果沒有信賴存在，工作是一步也無法開展的。我們常會需要借助別人的力量，而這種互相信任的關係則是不分組織內外的。

在組織內，最重要的是先做好自己周遭的人際關係。辦公室的工作方式都是以團體合作為主軸。每個人不但要堅守自己的崗位，還要互助合作，截長補短。如果辦公室的向心力很強，大家就會願意為所有的同伴努力。如果小團體的每個成員都有深厚的凝聚力，那麼溫馨的人際關係就形成了。

那麼，萬一自己被當「蘑菇」時應該怎麼做呢？可以從以下方面著手：

1. 喜歡自己這份工作

學會從工作中獲得樂趣，而不僅僅是按照命令被動地工作。喜歡自己的工作，才能從工作中受益。

2. 注意禮貌問題

適當的禮儀十分必要，因為有利於建立良好的人際關係。很多公司都會對新進人員實施商業禮貌的講習課程，如對待顧客的

方式、交換名片、自我介紹的方法，學習接電話、打電話和交談的禮節等。這些都是基本的企業規範，觸犯它們不但會讓你成為眾人側目的異類，也可能給組織帶來損失。

3. 多做事，少抱怨

如果你在開始做事時就滿腹牢騷、怨氣沖天，那麼你對工作就會草率從事，從而可能發生錯誤；或者本可以做得更好，而沒有做到。這會使你在以後的工作分配中很難爭取到你想要的。

4. 做事要有計劃

在處理事情時要隨時記錄重要資訊，事情處理完畢，要及時主動向主管彙報，並做到報告時內容詳細完整。

5. 學會吃苦

古人云：「吃得苦中苦，方為人上人。」、「天將降大任於斯人也，必先苦其心志，勞其筋骨，餓其體膚。」吃苦受難並非壞事，特別是剛邁入職場的新人，當上幾天「蘑菇」，能夠消除很多不切實際的幻想，也能夠對形形色色的人與事有更深的了解，為今後的發展打下堅實的基礎。

要記住：當你被看成「蘑菇」時，一味強調自己是「靈芝」並沒有用，利用環境儘速成長才是最重要的。當你真的從「蘑菇堆」裡脫穎而出時，人們就會認同你的價值。

別等環境適應你

很多初入職場的新鮮人，往往都不能很快適應職場的生態。多數畢業生一旦走向社會，才發現夢想與現實存在很大的差距。當一個人進到一家並不滿意的公司，或者被分配在某個不理想的職位，做著很沒勁甚至很無聊的工作時，肯定會產生前途茫茫的

感覺；如果薪資又不符期待，更會鬱悶萬分，此時就是蘑菇定律在考驗他的適應能力。達爾文的話是最好的忠告：要想改變環境，必須先適應環境。

適應環境的能力，是每一個人都應具備的基礎能力之一。初入社會，必須要學會適應環境，而不是等環境來適應自己。那麼該如何適應環境呢？下面是心理學家的一些建議，可以供大家參考：

1. 主動參與社會生活

如透過私人交往、學術交流、藝術表演、宗教慶典等方式接觸社會，既可以拓展自己的生活經驗，還能從團體活動中獲得學習與表現的機會。環境是不能躲避的，大膽接觸才能獲益良多。

2. 學會處理人際關係

有人的地方就有人際關係，就會有矛盾的存在。這包括上司下屬關係、客戶關係、合作夥伴關係、同事關係等。學會處理人際關係，是每個人的必修課。

3. 坦然面對現實環境，善於適應變遷

現代人想要順利適應快速變遷的社會，就需要與現實環境保持密切的接觸，以客觀的態度面對現實，冷靜的頭腦判斷事實，理性的思考處理問題，隨時調整心態，適應日新月異的改變。

4. 要有民主性格

這裡的民主性格，是以平等為基礎，遵守法律，履行諾言。對於他人，樂於學習優點與接納不同意見，尊重權利，不隨意侵犯，承認並欣賞其獨特性的存在。這樣的性格對於適應社會非常重要。

5. 增加個人的知識與技能

現代是知識爆炸的社會，自己要透過正式或非正式教育途徑，增加知識和技能，以跟上時代腳步，勝任本職工作。

6. 學習掌握基本的職場要求

不同的單位或企業對於服裝、儀容、語言、稱謂等都有某部分要求和規範。要儘可能地了解和學習，以便快速適應職場的需求。

7. 具備幽默感

最基本的幽默感就是能適時笑談自己的錯誤，開自己的玩笑。這樣，一方面可鬆弛緊張的神經，使不良情緒得到發洩；另一方面能減少身心的痛苦，緩解緊張的人際關係與衝突 。

適應環境既是一種技術，也是一種藝術，如果善於運用，即使在詭譎多變的社會裡，也能求得最大的快樂和幸福。

給自己準確的定位

人生在世，不給自己定位，就會被別人定位。尤其是剛成為「蘑菇」的新鮮人，給自己一個準確的定位是走出蘑菇定律的重要一步。

定位有兩層含義：一是確定自己是誰，適合做什麼工作；二是告訴別人你是誰，能夠幫助公司做什麼。看看商品定位你可能就會明白是怎麼回事，同樣是寶僑公司出品的洗髮精，海飛絲定位在「去頭屑」，飄柔定位是「柔順頭髮」，潘婷則定位於「營養頭髮」。不同的定位來自商家對於市場需求的理解，同時來自產品內在的品質。

剛踏出校門的畢業生不了解社會，不了解職業，受到各種因

素的影響，往往很難確定自己的位置，不過有一個辦法可以幫助你，讓問題變得清楚一些。首先考慮自己的專業知識，這也是最基本的要求。在這個基礎上，其次要考慮工作的性質，工作的需求，工作的前景。最後是對自己的個性、特點、價值觀做通盤的了解，確定自己的人格特質與工作內容是否相匹配。

我們不妨舉個例子：

一名資訊系的學生，在畢業時想選擇三種工作：一是去一家大公司擔任系統工程師；二是去一家中小型IT企業做開發研究；三是去研究所任職試驗人員。怎樣給自己定位呢？他列了一張清單。

專業：電腦。

經驗：曾經在一家小公司打工，也曾在學校實驗室做過助理。

技能：社會化能力較強，但外語能力較差。

個性：喜歡和人打交道，喜歡看到實效；樂於創新和追求新意；有時耐性不足。

希望從事的工作：有發展的空間；受人尊重，有自由度；多勞多得。

在考慮社會未來發展之後，他明確了自己期待的薪資水準，最後還了解幾個類似工作的要求，大致選定個人的工作方向。在這個基礎上，他為自己做出了比較完備的角色定位。

在給自己定位的時候，要特別注意以下幾個事項：

1. 選對公司等於成功一半

什麼樣的公司最好，在每個人眼裡都有不同的標準。有人認為企業大、待遇高就是好去處。實際上不完全對，工作環境和發展潛力等也需要綜合考量。

有的公司規模不大，但是喜歡用新人，反而能以小克大，獲得快速成長。另一些企業，特別招聘沒有經驗的應屆畢業生，對

其直接培訓，加以重用，讓他們可以迅速脫胎換骨。如果你不想在「陰暗」的角落裡被埋沒太久，倒可好好考慮這樣的企業。

2. 透過團隊，放大並獲得自身的定位和價值

一個人再怎麼能幹，也不可能把所有事情做完，也不可能把所有事情做好。因為你不可能學會所有的技能。

沒有團隊精神的人，或不在一個團隊中工作，你永遠都只是一個工匠，除非真是天才，否則，成功的希望很小。

剛開始的時候，事情很少，你一個人就能做決定，沒有團隊無所謂。事情慢慢變多，每個環節都是一個點，每個點都需要人完成。和優秀的人員共事，你只要著墨在一個環節上，自己的利益就會在整體中體現出來。透過團隊，可以放大並獲得自身的定位和價值。

3. 給自己定位需要信心和勇氣

自己給自己定位需要的是信心和勇氣。老師告訴你的，父母告訴你的，或許都是一種定位，但很有可能不是你自己需要的。

學歷重要嗎？或許在第一次使用時或在面子上很重要，但以後你會發現，過去的成績無足輕重，也無需認證。因為當你進入職場時，你就是一個全新的自我，代表著任何時候都可以重新開始。

如果你不想當一輩子「蘑菇」，那就好好認識一下自己，給自己一個準確的定位。

測驗一 你的心理調適能力如何？

　　心理調適能力是指個人在心理上適應周圍環境的能力，它和人的智力有關，同時也是各種個性特徵的綜合表現。心理調適能力強的人，在遇到各種複雜、緊張、危險的情況時，仍能泰然處之，甚至有超水準的發揮。心理調適能力差的人，一遇到特殊情況，就緊張萬分，不知所措，甚至失常。

　　下面二十道題目可以幫助你自測心理調適能力的強弱。每道題都有五個答案，分別是很對、可能對、對與不對之間、不大對、很不對，你可以根據自己的實際情況選擇，然後按照評分標準，進行加總。

（　）❶ 最怕調動工作，每到一個新職位，總要有一段很長的適應期。

（　）❷ 喜歡從事新工作，它給我一種新鮮感，能夠激發我的積極性。

（　）❸ 在陌生人面前常無話可說，以致感到很尷尬。

（　）❹ 每到一個新環境，就很容易和別人打成一片。

（　）❺ 每到一個新地方，第一天總是睡不好。即使在家裡，只要換一張床，有時也會失眠。

（　）❻ 出門在外，生活條件雖有較大變化，但能很快習慣。

（　）❼ 越在人多的地方越緊張。

（　）❽ 正式比賽場合的成績多半不會比平時練習時差。

（　）❾ 最怕在眾人前發言，那麼多雙眼睛盯著，心都快跳出來了。

（　）❿ 即使別人對我有異議，我仍能和他交往。

（　）⓫上司、師長在場的時候，做事總有些不自在。

（　）⓬和同學、家人相處，很少固執己見，樂於採納別人的意見。

（　）⓭和別人爭論常常感到語塞，事後才想起該怎樣反駁，可惜為時已晚。

（　）⓮對生活要求不高，即使經濟拮据，也能過得很快樂。

（　）⓯明明課文已背得滾瓜爛熟，可在課堂上背的時候，還是會出差錯。

（　）⓰在決定勝負成敗的工作或比賽的關鍵時候，雖然也會緊張，但很快能使自己鎮定下來。

（　）⓱不喜歡的事情，怎麼學也學不會。

（　）⓲在嘈雜、混亂的環境裡，仍能集中精力學習、工作，效率並不大幅降低。

（　）⓳不喜歡陌生人來家裡做客。一有陌生人來訪，就有意回避。

（　）⓴很喜歡參加社交活動，因為這是結交朋友的好機會。

答案解析

凡是答很對為（2分），可能對為（1分），介於對與不對之間為（0分），不大對為（1分），很不對為（2分）。

【30分以上】適應能力很強　　【1～10分】適應能力較差
【21～30分】適應能力較強　　【0分】適應能力很差
【11～20分】適應能力一般

測驗二　你在辦公室裡是什麼樣的人？

　　商場如戰場，辦公室裡也是一樣，想要在辦公室裡求生，就得先給自己定位一個最適合的角色。

　　每天上下班，你都會飽嘗等車和擠車之苦，而可能你已經等了好久，也沒見到要搭的公車的影子。這時你會採取下面哪一種等車姿勢？

（　）A. 把手放在背後，或是不斷地看手錶。

（　）B. 把手插在口袋裡。

（　）C. 雙腿交叉地站著。

（　）D. 找一面牆靠著。

答案解析

【選擇 A】不適合耍心機

你是一個企圖心很強的人，又不太會掩飾。很講求效率，一想到事情，就要立即做到才行。這樣的個性，在臉上表露無遺，所以你是一個不適合耍心機的人。有些「血淋淋」的鬥爭，其實你並不喜歡，但因為怕別人閒言閒語，就只好虛情假意地參與。在辦公室裡，你是一個不太會圓滑交際的人，弄不好會得罪別人，四處樹敵。

【選擇 B】小心聰明反被聰明誤

你是一個有城府的人，做什麼事，都會經過詳細和周密的籌劃，可是最不按常理「出牌」的人也是你。在笑臉的背後，也許隱藏著什麼重大的陰謀。正因為你把全部的聰明放在人際的周旋上，而相對地對工作付出較少，所以要小心聰明反被聰明誤。你在辦公室有著相當好的人際基礎，不過總給人

不牢靠的感覺，那是因為軟體條件到位了，硬體條件還有待
加強，所以還要努力點，別讓人以為只是個會耍嘴皮子的傢
伙。

【選擇 C】缺乏自信心

在辦公室裡，你的角色有點像可憐蟲。雖然做什麼都是苦幹
實幹，可就對自己缺乏自信心。別人隨便吼你兩句，不管是
否有理，總會被嚇個半死，你太過委曲求全迎合別人了；沒
有原則的忍讓，會使別人以為你只不過如此。雖然每天都立
志要做一個有主見的強人，但總是事與願違，你應該努力把
幻想轉為現實。

【選擇 D】不善於管理自己的情緒

這樣的人，通常心智還沒有真正成熟。情緒管理的能力較
差，陰晴不定的表情常常會掛在臉上，處理事情比較孩子
氣。做事也是隨性而為，一不高興就擺張苦瓜臉待在那兒，
這種個性在辦公室裡很不受歡迎，久而久之會讓上司對你產
生意見，連同事也很反感。所以，這種人要改變自己的思路
和想法，做一個真正成熟可靠的辦公室成員。

⑧ 手錶定律

> 只有一只手錶，可以知道是幾點，擁有兩只或兩只以上的手錶，卻無法確定是幾點；兩只手錶並不能告訴一個人更準確的時間，反而會讓看錶的人失去對準確時間的信心，這就是著名的手錶定律。

定律摘要

德國心理學家發現一種有趣的現象：如果給你一只錶，你一定會非常相信這只錶所指示的時間；而給你兩只錶的時候，你反而會不知所措，因為它們提供的時間很有可能會不一致，那麼你將相信哪一只？這就是「手錶定律」的由來。

手錶定律又稱為「兩只手錶定律」或「矛盾選擇定律」，是指一個人同時擁有兩只錶時，卻無法確定時間。兩只手錶並不能告訴一個人更準確的時間，反而會讓看錶的人失去對準確時間的信心。

看看下面這個故事。

森林裡有一群猴子，每天太陽升起時外出覓食，太陽下山時回去休息，日子過得平淡而幸福。

一天，一名遊客把手錶落在了樹下，被一隻猴子撿到了。聰明的猴子很快就搞清楚手錶的用途，於是，這隻猴子成了整個猴群的明星，每隻猴子都向牠請教正確的時間，整個猴群的作息也

由牠來規劃。就這樣，牠逐漸建立起威望，當上了猴王。

猴王認為是手錶給自己帶來了好運，於是牠每天在森林裡閒晃，希望能夠撿到更多的錶。皇天不負苦心人，牠終於又擁有第二只、第三只錶。但麻煩出現了：每只錶的時間指示都不盡相同，哪一個才是正確的呢？牠被這個問題難住了。當有下屬來問時間時，牠總是支支吾吾回答不上來，整個猴群的作息也因此變得混亂。過了一段時間，猴子們起來造反，把牠推下了猴王的寶座，牠的收藏品也被新任猴王據為己有。但很快，新任猴王同樣面臨著一樣的困惑。

手錶定律在企業經營管理方面給我們一種非常直觀的啟發：對同一個人或同一個組織的管理，不能同時採用兩種不同的方法，不能同時設置兩個不同的目標，甚至每一個人不能由兩個人來同時指揮，否則將使這個企業或這個人無所適從。手錶定律所指的另一層含義在於：每個人不能同時挑選兩種不同的價值觀，否則，他的行為將陷於混亂。

要堅定一個目標，建立一個標準

手錶定律的意義在於：你只需要一只值得信賴的手錶，並以此作為你的標準，聽從它的指引行事。記住尼采的話：「兄弟，如果你是幸運的，你只需有一種道德而不要貪多，這樣，你過橋更容易些。」如果一味地添加更多的手錶，你只會無所適從，這也說明你並沒有為自己建立一個基準。貪婪地增加手錶只會讓你高壓臨頭，失去方向。

如果每個人都「選擇你所愛，愛你所選擇」，無論成敗都可以心安理得。然而，困擾的是：他們被「兩只錶」弄得無所適從，身心憔悴，不知該相信哪一個；還有人在環境、他人的壓力下，違心選擇了自己並不喜歡的道路，為此而鬱鬱寡歡，即使取得了受人矚目的成就，也體會不到成功的快樂。

　　因此，手錶定律告訴我們：要堅定一個目標，建立一個標準，才能成功。

　　義大利世界級男高音盧卡諾・帕華洛蒂曾經有過迷茫的一段歲月，在他即將從一所師範學院畢業時，陷入了兩難中：是選擇做一名平凡的老師呢，還是從事自己喜愛的歌唱事業？可以兩者兼顧嗎？這確實是個難題，帕華洛蒂在大學裡學的是教育，但他覺得自己更喜歡唱歌。到底該做什麼呢？在天人交戰毫無結果之後，他只得請教做麵包師傅的父親。

　　父親沉思了片刻之後，對兒子說：「哦，孩子，記著——如果你想同時坐在兩把椅子上，那你也許會從椅子間的空隙掉到地上。生活要求你只能選一把椅子坐上去。」

　　帕華洛蒂聽了父親的話，終於下定了決心，從此在歌唱藝術的道路上艱苦奮鬥，直到成為一名光芒四射的世界巨星。

　　做事情必須要有一個明確的目標，腳踏實地、堅定信念去努力，這樣才有成功的機會。當兩個目標相衝突時，只能放棄一個去完成另一個，這是毫無疑問的。那些同時想做兩件截然不同事情的人，必然一件事都做不成。

　　佛教《百喻經》中有這樣一個故事：一條兩頭蛇，左頭要向左遊，右頭要向右遊，無法行走，結果掉落油鍋中燙死了。可見，只有專心於一件事情，才能把這件事情做到最好。

　　在現實生活中，我們也經常會遇到類似的情況。比如兩門選修課都是你所感興趣的，但是授課時間重疊，而且你也沒有足夠的精力學好兩門課程，這個時候會很難做出抉擇。在面對兩個同樣優秀、同樣傾心於妳的男孩子時，妳也一定會苦惱許久，不知該如何做出決斷。擇業時，地點、待遇不分伯仲的兩家公司，你將何去何從？在人生每一個十字路口，我們都要面對「魚與熊掌不能兼得」的苦惱。

　　在「魚」和「熊掌」面前，就要充分地認識自己的特長，了解自己的興趣與喜好，從而選擇最適合的。然而，有的時候，

我們無法做出選擇，不知道該擇誰棄誰，那麼，在這種矛盾之下，該如何是好？心理學家推薦使用「模糊心理」。

所謂「模糊心理」，就是在一個很難決策的情況下，以潛意識的心理為主要基調，做出符合潛意識心理的選擇。

心理學研究表明，模糊心理實際上是人在成長過程中不斷積累的一種心理沉積。也許你並不能說出一條明確的原因，但是透過心理的潛意識，一般情況下可以做出最符合個體心理需求的決定。這裡說的潛意識，實際上就是我們常說的第一印象。模糊心理在矛盾選擇面前，能夠提供給我們最安全的心理保護，因而是值得信賴的。

只能選擇一種價值觀

手錶定律蘊含一個深層的道理：人不能同時選擇兩種不同的價值觀。

那麼，什麼叫價值觀呢？價值觀是指一個人對周遭客觀事物的評價和看法。這些看法和評價在心目中的主次、輕重之排列次序，就是價值觀體系。價值觀和價值觀體系是決定人類行為的心理基礎。

價值觀不僅影響個人行為，還影響群體行為和整個組織行為。在同一客觀條件下，對於同一個事物，由於人們的價值觀不同，就會產生不同的行為。如在同家公司中，有人注重工作成就，有人看重金錢報酬，也有人重視地位權力，這就是因為他們的價值觀不同。同一個規章制度，如果兩個人的價值觀相反，那麼就會採取完全不一樣的行為，這將對組織目標的實現有著完全不同的作用。

可以說，我們的一切行為，都是為了實現自我的價值，否則我們就會覺得人生不完整，沒有意義。也就是說，價值觀可以主宰我們的行為方式、人生理想以及對周遭所做出的一切反應。所

以，認識自己的價值觀是十分重要的。一個人要選擇正確的價值觀，而不能同時選擇兩種不同的價值觀，否則，就會常常不知道自己該做什麼以及做某件事的目的，變得無所適從，而且行為將陷於混亂狀態。

標準不是越多越好，你只需要一只手錶

手錶定律告訴我們：只有一只手錶時，可以確定是幾點，擁有兩只或兩只以上的手錶時，就無法確定是幾點。同樣，如果用一個標準去衡量一個人或者一件事，可以很快得出結論，無論這個結論是好是壞；但如果用不同的標準去衡量同樣的一個人或者一件事，你會馬上發現，很難得出正確的結論。

有一個農民和他的兒子一同牽著毛驢去趕集。路上他們遇到了一群婦女，其中一個婦女看到他們時說：「你們快看啊，這父子倆多傻，有驢不騎卻在走路。」

農民聽了話，覺得有道理。於是，就讓他的兒子騎驢，自己走路。

快到谷口的時候，父子倆又遇到一群老人，其中一個老人說：「你們快看啊，那個兒子多不孝啊，自己騎在驢上，卻讓父親走路。」農民聽了老人的話，只好叫兒子下來，自己騎了上去。

出谷口的時候，父子倆又碰到一群婦女和孩子。幾個婦女一見父子倆立刻大喊起來：「你們快看啊，這父親多狠心，自己騎著驢，卻讓兒子在走路。」農民一聽，立刻把兒子也拉上驢，兩人同騎一驢。

他們很快就來到了集市口。一個趕集的人看到這父子倆又說：「你們快看啊，哪有這麼狠心虐待牲口的啊，你們都要把牠壓死了。」

農民聽了，不知道該怎麼辦，只好和兒子把驢的四條腿捆在

一起，用一根棍子抬著朝集市裡走去。

這個世界上存在著太多的標準，對於同一件事情，每個人的立場不同，觀點也就不同，所以，幾乎每件事情都能用很多標準來衡量，都有很多參考意見供選擇。在生活中，標準不是越多越好，正如某位哲人所言：「如果一個人始終只依照一個標準做事，那這個人會顯得愚蠢；如果依照很多標準做事，那這個人一定會非常痛苦；如果可以從眾多標準中選擇自己想要的，那這個人一定是個偉人了。」

所以，在參考他人意見時，我們也要講求方法和原則，學會理智的分析，尤其要注意以下兩點：

1. 找到唯一的最好顧問

「兩只手錶」並不能告訴你更準確的時間，只會讓你失去對準時的信心。所以，你要做的就是選擇其中可以信賴的一只，以此作為你的標準和顧問，並且堅持下去。

2. 你的顧問只能和你一樣聰明

如果你不聰明，那麼你的顧問就不能告訴你太多難懂的道理；如果你有知識，那麼有能力的顧問就會給你提出更複雜的建議。所以，在找尋顧問時，你的顧問必須要和你一樣聰明，這樣才能更好地溝通，也更容易理解和接受對方的觀點。

然而，如果你已經知道自己真正的需要了，就沒有必要再去尋求他人的意見，因為在這個時候，任何人的建議都只會影響你的自我判斷和決心。標準不是越多越好，你往往只需要一只手錶。

別讓員工無所適從

手錶定律給管理者的啟發也是非常直觀的：企業不能同時採

用兩種不同的管理方法，不能同時設置兩個不同的目標，否則企業將無所適從；員工不能由兩個以上的人來指揮，領導者也不能朝令夕改，否則將使員工不知如何是好。

在這方面，美國在線與時代華納的合併就是一個典型的失敗案例。美國在線是一個年輕的網際網路公司，企業文化強調操作靈活、決策迅速，要求一切為快速搶占市場的目標服務。而時代華納的企業文化則強調在長時間的發展過程中建立起誠信之道和創新精神。兩家企業合併後，企業高層並沒有妥善解決兩種價值標準的衝突，導致企業員工完全搞不清未來的發展方向。最終，時代華納與美國在線的「世紀聯姻」以失敗告終。這也充分說明，要確認時間，有一只走準的錶就已經足夠。

在工作中，我們也經常會遇到這樣的情況：

「啊，經理，昨天不是說這樣可以嗎？」

「不是，情況有所改變，如果繼續那樣做的話，就不符合本公司的經營理念。」

「等等，經理，就算這計劃的結尾部分出了點問題，但整個策略是按你的吩咐做的呀！」

「雖然如此，因為情況有變，所以……」

這就是明顯的朝令夕改，讓員工徒呼負負。

在很多公司，老闆的「思維」極其活躍，他們一天一個政策，一天一個創意，今天變革比較時髦，他們就抓公司的變革；明天目標管理比較熱門，他們就抓目標管理。往往一個政策才執行到一半，員工就被要求執行下一個政策，這樣的企業使員工搞不清楚做什麼才是對的。於是，有些企業的員工總結出這樣的規律：「老闆第一次發布的政策，可以先不管他；第二次如果還強調這個政策，那麼可以適當考慮去做；第三次再強調相同的政策，那麼應該著手去辦，這樣一個政策能堅持下來的老闆往往不到60％。」

一名員工不能由兩個領導者來同時指揮，否則將會雙頭馬

車，一事無成。企業或組織也是一樣，兩個或兩個以上的領導系統不但提高不了組織的工作效率，反而會帶來管理的混亂，讓我們以下例來做說明。

產科王護理長打電話給院長，要求立即准予辭職。從她急切的聲音中，院長能感覺到發生了什麼，於是他讓王護理長馬上過來見他。

大約五分鐘後，王護理長走進院長辦公室，遞給他一封辭職信：「院長，我再也幹不下去了，」她開始申訴，「在產科當了四個月的護理長，我根本無法勝任這份工作。我有好幾個上司，每個人都有不同的要求，唯一的共同點就是都要優先處理；我只有兩隻手，已經盡最大的努力去適應這份工作，但看來這是不可能的了。讓我舉個例子吧，請相信我，這樣一件平平常常的事，每天都在發生。

昨天早上七點四十五分，我來到辦公室就發現主任祕書在桌上留了張紙條，希望我在上午十點提供一份床位利用報告，以備她下午向董事會作報告。我知道，這樣一份報告至少要花一個半小時才能寫出來。三十分鐘後，我的主管走進來問我為什麼我的兩位護士不在當班，我告訴她外科主任從我這裡要走了她們，說是急診外科手術正缺人手，我也告訴她我不同意，但外科主任說只能這麼辦。你猜，我的主管說什麼？她叫我立即讓這兩位護士回到產科部，她還說，一個小時後她會回來檢查。院長，這種事情每天發生好幾次。一家醫院就只能這樣運作嗎？」

測驗一 你的「耳根」有多軟？

　　在生活中人可以分成兩種，左右他人的人和被他人左右的人，有些人提出來的建議總是讓人難以拒絕。一個簡單的測驗就可以看出你的「耳根」有多軟。假如讓你用四個物件畫一幅畫：房子、行人、樹木、池塘。那麼你設想的比例是：

（　）A.人和房子在近處，人比房子小，但比遠處的樹木大。

（　）B.人在近處，其他都在遠處，人比樹木、房屋都大。

（　）C.人在遠處，比其他物件都小。

（　）D.各物件比例基本一致。

答案解析

【選擇 A 】
你的個性相當強烈，不容易受他人影響，而且當所承受的壓力越大，你的倔強性格越能體現出來。

【選擇 B 】
你是典型吃軟不吃硬的人，憧憬美好，喜歡沉浸在充滿浪漫想法的自我世界中。

【選擇 C 】
你喜歡以理論事，並坦率地表達自己的想法，感情很難阻礙你對理性的崇拜。

【選擇 D 】
你喜歡同類型的人，當你對別人的認同度越大，就越容易接受對方的觀點。

測驗二　你容易動搖嗎？

　　試做下面的測驗題，看看自己是否是一個容易動搖的人。

（　）❶有一天在路上，突然某人對你大叫：「有人在追我，請幫幫我吧！」仔細一看，說話那個人竟然是你的偶像。這時候你認為追著他的人是誰？

　　　　A　粉絲→請到第4題
　　　　B　記者→請到第7題

（　）❷終於幫他擺脫追逐者，而他也向你微笑示意，此時你認為他的意思是什麼？

　　　　A　單純的微笑→請到第5題
　　　　B　衷心的感謝→請到第9題

（　）❸當這段際遇結束後，他即將離去，你希望他對你做什麼？

　　　　A　握手說再見→性格 A
　　　　B　吻別→性格 B

（　）❹為了閃避粉絲的追逐，你會將他帶到哪裡躲避？

　　　　A　人多的大型商場→請到第8題
　　　　B　人少的小巷子裡→請到第2題

（　）❺為了閃躲窮追不捨的粉絲，你會幫他選擇哪種偽裝道具？

　　　　A　帽子→請到第13題
　　　　B　眼鏡→請到第6題

（　）❻當你們度過這驚險的一天後，他在離別時留下電話號碼，你會如何？

　　　　A　等過幾天後再打給他→性格 D
　　　　B　電話可能是假的，算了→性格 B

（　）❼ 當你們必須選擇搭乘交通工具閃避時，你會選擇哪一種？
　　　　A 公共汽車→請到第11題
　　　　B 計程車→請到第2題

（　）❽ 當你們被粉絲擋住去路時，此時的粉絲大概多少人？
　　　　A 5人左右→請到第5題
　　　　B 10人左右→請到第12題

（　）❾ 當你們躲過他們的追逐，此時他說：「今天我們一起去走走吧？」你們會到哪？
　　　　A 電影院→請到第3題
　　　　B 速食店→請到第10題

（　）❿ 到了互相告別的時刻，你會對他說什麼？
　　　　A 今天很高興能幫助你→性格 A
　　　　B 能有機會再見面嗎？→性格 C

（　）⓫ 當你們被記者追到，問及緋聞時，你認為他的對象可能是？
　　　　A 圈內人士→請到第9題
　　　　B 圈外人士→請到第12題

（　）⓬ 當他準備謝禮給你時，你想可能是哪種物品？
　　　　A 新買的手錶→請到第6題
　　　　B 用過的飾品→請到第10題

（　）⓭ 他為了答謝你，請你吃東西，可是卻是你不喜歡的食物，此時你會怎樣？
　　　　A 勉強吃下→性格 C
　　　　B 拒絕吃下→性格 D

答案解析

【性格 A】唯命是從型

你是一個附和度高的人，缺乏自我的主張和個性；最好多考慮一下自己的觀點。

【性格 B】容易軟化型

你是一個依從者，會跟隨對方的意見去做，欠缺自我肯定的意志力。

【性格 C】意志變化型

你並不容易被動搖意志，雖然心裡不同意，但基於友情跟愛情，你還是會被改變。

【性格 D】堅持己見型

你是一個堅持己見的人，一旦作出決定就不會受他人影響而改變，因此容易樹立敵人。

⑨ 不值得定律

> 　　不值得定律最直接的表述是：不值得做的事情，就不值得做好。這個定律反映出人們一種心理：一個人如果從事的是一份自認為不值得的事情，往往會持冷嘲熱諷、敷衍了事的態度。不僅成功機率小，即使成功，也不會覺得有多大的成就感。

定律摘要

　　不值得定律最直接的表述是：不值得做的事情，就不值得做好。這個定律似乎再簡單不過了，但它的重要性卻常常被人們忽略。不值得定律反映出人們一種心理：一個人如果從事的是一份自認為不值得的事情，往往會持冷嘲熱諷、敷衍了事的態度。這種態度使人缺乏激情去對待事物，也降低了自己的自信心，從而導致事件的成功率低，即使最終成功了，也不會有多少成就感。所以，我們要選擇值得去做、願意去做的事情，並把它當自己的奮鬥目標。

　　那麼，哪些事值得做呢？一般而言，這取決於三個因素：

1. 個人價值觀

　　只有符合我們價值觀的事，我們才會滿懷熱情去做，否則就儘量不要去做。

2. 個性和氣質

一個人如果做一份與他的個性氣質完全相反的工作，是很難有好成績的，如一個喜歡交朋友的人成了檔案管理員，或一個害羞不善交際者被派去挨家挨戶推銷。

3. 現實的處境

同樣一份工作，在不同的處境下去做，給我們的感受也會是不同的。例如，在一家大公司，如果你最初做的是打雜跑腿的工作，你很可能認為是不值得的，可是，一旦你被提升為主管或部門經理，你就不會這樣認為了。

總結一下，值得做的工作是：符合我們的價值觀，適合我們的個性與氣質，能讓我們看到希望。如果你的工作不具備這三個因素，你就要考慮換一個更合適的工作，並努力做好它。

不值得定律給我們的啟示是：對個人來說，應在多種可供選擇的奮鬥目標及價值觀中挑選一種，而且要富有激情與動力；若現實所迫，不能選擇符合自己價值的事業，也不要消極對待或者直接放棄，應該學會改變自己，再努力向該奮鬥的目標前進。「選擇你所愛的，愛你所選擇的」，才可能激發我們的鬥志，也才可心安理得。

對一個企業或組織來說，則要妥為分析員工的性格特性，合理分配工作，如讓成就慾較強的員工單獨或領頭來完成具有一定風險和難度的工作，並在其完成時給予一定的肯定和讚揚；讓依附慾較強的員工積極參與到某個團體中共同工作；讓權力慾較強的員工擔任一個與之能力相當的主管職。同時要加強員工對企業目標的認同感，讓他們感覺到自己所做的工作是值得的，這樣才能激發員工的熱情。

認清哪些事情是最重要的

　　一天，一位年近花甲的哲學教授在上他的最後一堂課。在課程行將結束時，他拿出了一個大玻璃瓶，又先後拿出兩個布袋，一個裝著核桃，另一個裝著蓮子。

　　然後他對同學們說：「我們今天來做一個實驗，我第一次看到這個實驗還是自己年輕的時候。實驗的結果令我永生難忘，並常用這個結果激勵自己，我希望你們每個人也能像我一樣記住這個實驗，記住這一實驗結果。」老教授把核桃倒進玻璃瓶裡，直到一個也塞不進去為止。

　　這時候他問：「現在瓶子滿了嗎？」學過哲學的同學已經有了幾分辯證的思維：「如果說裝核桃的話，它已經裝滿了。」教授又拿出蓮子填充裝了核桃後還留下的空間。

　　然後，老教授笑問道：「你們能從這個實驗裡概括出什麼哲理嗎？」同學們開始踴躍發言，並展開辯論。有人說，這說明了世界上沒有絕對的滿。有人說，這說明了時間像海綿裡的水，只要想擠，總是可以擠出來的。還有人說，這說明了空間可以無限細分。

　　最後，老教授評論說：「你們說的都有一定的道理，不過還沒有說出我想讓你們領會的道理來。你們是否可以反過來或逆向思考一下呢？如果我先裝的是蓮子而不是核桃，那麼蓮子裝滿後還能再裝下核桃嗎？你們想想看，人生有時候是否也是如此，我們經常被許多無謂的小事所困擾，看著人生沉埋於這些瑣碎的事情之中，到頭來，卻往往忽略了去做那些對自己真正重要的事情。結果，白白浪費許多寶貴的時間。所以，我希望大家能夠永遠記住今天的實驗，記住這個實驗的結果——如果蓮子先塞滿了，就裝不下核桃了。」

　　在現實生活中，我們常常看到人性的弱點：避重就輕。雖然知道哪個更重要，但總會找到各種藉口和理由去躲避它。結果

當然是：味淡的蓮子嘗了不少，卻難得有機會去品嘗那香甜的核桃。

不值得定律告訴我們：人的生命短暫，時間有限，我們必須清晰地認識到哪些事情是最重要的，哪些事情是最值得做的。這樣我們才不會揀了芝麻卻丟了西瓜，我們的人生才不會那麼庸俗，那麼碌碌無為。否則，有一天終將發現我們放棄的遠遠大於所得的東西。

不值得做的事，千萬別做

著名編劇家尼爾·西蒙決定是否將一個構思發展為劇本前都會問自己：「假如我要寫這個劇本，在每一頁都儘量保持故事的原則性，而且能將劇本和其中的角色發揮得淋漓盡致的話，這個劇本會有多好呢？」答案有時候是「還不錯，會是一個好劇本，但不值得為此花費一兩年的生命」。如果是這樣，西蒙就不會寫。

班尼斯說：「最聰明的人是那些對無足輕重的事情沒有感覺的人，但他們對較重要的事物卻總是敏感。太專注於小事的人通常會變得對大事無能。」在生活中，總是為一些美中不足自尋煩惱的人很多，很顯然，這種人是在平白無故地消耗自己的精力，他忘了什麼是不值得做的事，也忘了不值得做的事一定有不能做的道理。

不值得做的事情會讓一個人誤以為自己完成了某些事情。事實上，他只是對那些白費的力氣沾沾自喜罷了。

卡莉·費奧瑞納還在朗訊科技公司工作時，就被《財富》雜誌評為年度「美國商業界最有影響力的女性」，並成了當期《財富》的封面人物。於是，眾多獵人頭公司盯上了她，紛紛以種種誘人的條件，拉她去別的公司發展。她被這些誘惑攪得心煩意亂。她的人生導師——朗訊科技公司的董事長卻告誡她說：「妳

必須自己拿主意……要想清楚哪些職務邀請是妳願意考慮的。無論妳的目標是什麼，都不要浪費時間在不符合妳的目標之上。」費奧瑞納認清了自己的人生目標，沒有為那些誘惑所動，最後終於成為世界最著名公司之一——惠普的第一位女總裁。

不值得做的事情會消耗一個人的時間和精力。因為用在一項活動上的資源不能再用在其他的活動上，不值得做的事所用的每一項資源都可以被用在其他有用的事情上。

遺憾的是，我們大多數人一直要到生涯走了一大半以後，才開始問這樣的問題，也許是因為年輕時並不了解計劃一旦開始要花費多少時間才能完成，也不了解我們的時間其實非常有限。

一個覺醒的人在離開公司時曾寫下了這樣一段：「是時候了，該走了，該離開這個不能再讓我振奮、再給我新知的地方了。我只是惋惜那對我來說異常寶貴的逝去時光中我做了不值得的付出。我不想讓自己的人生愈來愈狹隘，也不想繼續花時間和心力在不值得的事情上。離開不是因為軟弱，不是因為想要被認同，而是因為我要追求我自己的價值，追求值得我做的一切。」這段話很發人深省，每讀一遍都會有新的感覺。

如果你還有選擇的機會，請你問問自己：「如果我將這個構思的潛能發展到極致，是否真的值得呢？」如果答案是「不」的話，那你千萬別去做。

選擇你所愛的，愛你所選擇的

倫納德・伯恩斯坦是世界著名的指揮家，但他最傾心的事卻是作曲。伯恩斯坦年輕時跟美國最有名的作曲家和音樂理論家柯普蘭學習作曲與指揮技巧。他很有創作天賦，曾寫出一系列不同凡響的作品，幾乎成了美洲大陸又一位作曲大師。

伯恩斯坦在作曲方面嶄露頭角的時候，他的指揮才能被當時的紐約愛樂樂團指揮發現，力薦他擔任紐約愛樂樂團常任指揮。

伯恩斯坦一舉成名，在近三十年的指揮生涯中，伯恩斯坦幾乎成了紐約愛樂樂團的招牌。

但在他內心深處更熱衷於作曲。閒暇時他總要找一段時間把自己關在屋裡創作。雖然創作的慾望不時撞擊和折磨著伯恩斯坦，但作曲方面的活力和靈感再也回不到他的身邊了，除了偶爾閃現的靈光外，伯恩斯坦得到最多的卻是深深的失望與苦惱。他的樂思好像一下子枯竭了。

「我喜歡創作，可我卻在做指揮」，這個矛盾一直存在伯恩斯坦心底。當他在舞台上無數次接受掌聲和鮮花時，有誰能明白他內心的隱痛和遺憾？

伯恩斯坦是出色的，但並不是成功的，因為他的大半輩子都活在苦惱和矛盾之中，甚至最後還帶著深深的遺憾告別了人世。

伯恩斯坦的經歷告訴我們：選擇你所愛的，愛你所選擇的。只有這樣才可能激發我們的奮鬥精神，我們也才可以心有所屬、努力不懈。

在這方面，愛情領域中的「不值得定律」有著更顯著的表現。讓我們來看下面這個發人深省的故事。

女人結婚的時候，其父揮毫潑墨，寫下一副對聯送給了她。忙亂中，她把這副對聯擱在一邊，伴隨著時間的推移，這件事被她淡忘了。

女人的丈夫是一家工廠的司機，婚後，他始終一副懶懶散散的樣子，所以，儘管夫妻倆不吵不鬧，可日子一直過得平平淡淡，沒有任何激情可言。

轉眼間，他們的兒子快要高中畢業了。然而，就在這時，不幸降臨了，女人的丈夫得了胃癌，發現時已近晚期。醫生說，最後的一線希望就是手術，但手術成功的可能性極小。得知這種情形，絕望的丈夫堅決拒絕手術，他說他不想在臨死前還挨上一刀。

這一天，準備參加考試的兒子請她幫忙整理複習資料。在櫃

子上的書堆中，女人發現了一個紙卷，打開一看，竟是已經過世的父親在她新婚時寫給她的那副對聯。出於對父親的思念，女人慢慢展開對聯，只見上聯寫：婚前，選擇你所愛的；下聯為：婚後，愛你所選擇的。

讀罷，女人立即陷入對往事的追憶之中……的確，當年因為愛而選擇了他，但結婚至今，自己又何曾對他表示過什麼？如今，他已身患重症，而一旦他離開這個世界，就意味著自己將永遠不再有機會表達對他的愛了。

想到這兒，女人不顧一切衝出家門，來到丈夫身邊，緊緊握住他的手，含著眼淚，萬般心痛地說道：「……我希望你能接受手術治療！我需要你！我和兒子都離不開你！我們不能沒有你……」

婚後這麼多年，丈夫從未聽到妻子對自己說過如此深摯的話，也從未想到妻子這樣需要他，離不開他。一時間，丈夫百感交集，求生的慾望立時充溢了整個身心。那一刻，望著妻子無比愧疚、無比哀傷的臉，他十分堅決地抱定了一個信念：我得活下去！兩個人緊緊地擁抱在一起，禁不住淚雨滂沱。

丈夫接受了治療，很幸運，手術非常成功。不久，在女人的細心照料下，丈夫恢復健康，重新操起了方向盤。幾年過去了，值得欣慰的是，丈夫已完全擺脫了病魔。

人們發現，在他的方向盤右邊擺放的卡片上，有這樣一行字：選擇你所愛的，愛你所選擇的。

10 羊群效應

在群體活動中，當個人與多數人的意見和行為不一致時，個人往往會放棄自己的意見和行為 表現出與群體中多數人相一致的意見和行為方式。羊群效應表現了人類共有的一種從眾心理，而從眾心理很容易導致盲從，盲從則往往會使人陷入騙局或遭遇失敗。

效應精解

「羊群效應」是指管理學上一些市場行為的常見現象。經濟學裡也經常用「羊群效應」來描述經濟個體的從眾、跟風心理。

比如，有個人白天在大街上狂奔，結果大家也跟著跑，除了第一個人，沒有人知道奔跑的理由。人們有一種從眾心理，由此而產生的盲從現象就是羊群效應。

羊群是一種很散亂的組織，平時在一起也是毫無秩序地左衝右撞，一旦有一隻羊動起來，其他的羊也會不假思索地一擁而上，全然不顧前面可能有狼，或者不遠處有更好的草。因此，羊群效應就是比喻人都有一種從眾心理，從眾心理很容易導致盲從，而盲從往往會使人陷入騙局或遭到失敗。

投資大師巴菲特在貝克夏‧哈斯維公司一九八五年的年報中，講了這樣一個故事，說的就是羊群效應：

一個石油大亨正向天堂走去，但聖‧彼得對他說：「你有資

格住進來，但為石油大亨們保留的豪宅大院已經滿額了，沒辦法把你擠進去。」

這位大亨想了一會兒後，請求對大院裡的居住者說句話。這對聖・彼得來說似乎沒什麼難處，於是就同意他的請求。這位大亨扯開喉嚨大聲喊道：「地獄裡發現石油了！」大院裡面的人立即蜂擁而出，向地獄奔去。

聖・彼得非常驚訝，於是請這位大亨進入大院並要他自己照顧自己。他遲疑了一下說：「不，我認為我應跟著那些人，這個謠言中可能會有一些真實的東西。」說完，他也朝地獄飛奔而去。

羊群效應一般會出現在一個競爭非常激烈的行業上，這個行業會有一個領先者（領頭羊）聚集了主要的注意力，整個羊群就不斷模仿這個領頭羊的一舉一動，牠到哪裡吃草，其他的羊也跟去，而全然不顧旁邊虎視眈眈的狼，或者看不到遠處還有更好的青草。如果一個管理者只會盲從，不提升自己的判斷力，那他的決策必將給企業帶來不可挽回的損失。

當然，任何存在的事實總有其合理性，羊群效應並不見得就一無是處。這是自然界的優選法則，在資訊不對稱和預期不確定條件下，看別人怎麼做跟著照做確實是風險比較低的。羊群效應可以產生示範學習和聚集協同作用，這對於弱勢群體的保護和成長是很有幫助的。

社會心理學家研究發現，影響從眾最重要的因素是持某種意見的人數居多，而不是這個意見本身。人多本身就有說服力，很少有人會在眾口一詞的情況下還堅持自己的不同意見。「群眾的眼睛是雪亮的」、「木秀於林，風必摧之」、「出頭的椽子先爛」，這些教條緊緊束縛了我們的行動。

一九五二年，美國心理學家所羅門・阿希設計了一個實驗，來研究人們會在多大程度上受到他人的影響，而違心進行明顯錯誤的判斷。他請大學生們自願擔任受試者，告訴他們這個實驗的

目的在研究人的視覺情況。當某個來參加實驗的大學生走進實驗室的時候，發現已經有五個人先坐在那裡了，他只能坐在第六個位置上。事實上他不知道，其他五個人是跟阿希串通好了的假受試者。

阿希要大家做一個非常容易的判斷——比較線段的長度。他拿出一張畫有一條直線的卡片，然後讓大家比較這條線和另一張卡片上的三條線中哪一條等長。判斷共進行了十八次。事實上這些線條的長短差異很明顯，正常人是很容易分辨的。

然而，在兩次正常判斷之後，五個假受試者故意異口同聲地說出一個錯誤答案。於是真正的受試者開始迷惑了，他是堅定地相信自己的眼力呢，還是說出一個和其他人一樣、但自己心裡認為不正確的答案呢？

從總體結果看，平均有33％的人是從眾的，有76％的人至少做了一次從眾的判斷，而在正常情況下，人們錯判的可能性還不到1％。當然，還有24％的人一直沒有從眾，他們按照自己的正確判斷來回答。

羊群效應告訴我們：對他人的資訊不可全信也不可不信，凡事都要有自己的判斷。

盲從的旅鼠和列隊毛毛蟲

旅鼠是生活在靠近北極一帶的動物，牠們有一個特點，一窩能生十三四隻，而且這些旅鼠再過三四個月又能生一窩。而在北極，旅鼠太多了。於是，牠們就開始遷徙，從陸地跑到冰山懸崖，然後往大海裡面跳，不知為什麼，前面跳了後面也跟著跳。這時，你就會看到茫茫大海上，一大群旅鼠正在努力向前游，直到體力用盡溺斃為止。

這就如羊群效應告訴我們的：你若盲目地跟著前面的人，就會像這些旅鼠一樣——投海自盡而已。

　　生物界有一種奇怪的昆蟲，叫「列隊毛毛蟲」。顧名思義，這種毛毛蟲喜歡列成一排隊伍行走，最前面的一隻負責方向，後面的只管跟從。

　　生物學家法布爾曾利用列隊毛毛蟲做過一個有趣的實驗：誘使領頭者圍繞一個大花盆繞圈，其他的毛毛蟲跟著領頭者，在花盆邊沿首尾相連，形成一個圈。這樣，整個毛毛蟲隊伍無始無終，每隻都可以是隊伍的頭或尾。每隻毛毛蟲都跟著牠前面的毛毛蟲爬呀爬，周而復始。直到幾天後，牠們餓昏了，從花盆邊沿掉了下來。

　　這些毛毛蟲遵守著本能、習慣、傳統、先例、過去的經驗、慣例，或者隨便你叫它什麼好了。牠們很賣力，但毫無成果。毛毛蟲的錯誤在於失去了自己的判斷，盲目跟從，陷入了一個循環的怪象。

　　這是一個很有哲理的小故事，由此可以想像到現實生活中的人，有時也會犯毛毛蟲的錯誤——沒有自己的主見，不相信自己，盲目效尤別人的做法，而導致了失敗。

凡事要有自己的主張

　　羊群效應告訴我們，不要盲目地跟隨別人，凡事要有自己的主見，用自己的大腦來判斷是非對錯，更不要人云亦云。

　　哲學家蘇格拉底在課堂上拿出一個蘋果，對著學生說：「請大家聞聞空氣中的味道」。

　　一位學生舉手回答：「我聞到了，是蘋果的香味！」蘇格拉底走下講台，舉著蘋果慢慢地從每個學生面前走過，並叮囑道：「大家再仔細聞一聞，空氣中有沒有蘋果的香味？」

　　這時已有半數學生舉起了手。蘇格拉底回到講台上，又重複剛才的問題。這一次，除了一名學生沒有舉手外，其他全都舉起了手。蘇格拉底走到了這名學生面前問：「難道你真的什麼氣味

也沒有聞到嗎？」

那個學生肯定地說：「我真的什麼也沒有聞到！」

這時，蘇格拉底向學生宣布：「他是對的，因為這是一個假蘋果。」這個學生就是後來大名鼎鼎的哲學家柏拉圖。

盲目跟隨別人的人總喜歡附和多數人的意見，雖然腳在前進，卻在被人牽著鼻子走。如果是為了前途而下不了決定還情有可原，可有人連該點咖啡還是紅茶這種小事都猶豫不決，這樣的人一旦面臨人生重大抉擇時，怎能當機立斷呢？欠缺決斷能力的人最常說的一句話就是：「隨便，什麼都好。」因為「大家吃什麼，我就吃什麼」。

當然，這樣也能過日子，反正和大家一樣就好了，但每個人的一生都是獨特的，如果你想真正掌握自己的人生，還是得從為自己做選擇開始。

在一次世界優秀指揮家大賽的決賽中，小澤征爾按照評委會給的樂譜指揮演奏，敏銳地發現不和諧的音符。起初，他以為是樂隊演奏出了差錯，就停下來重新開始，但還是不對。他覺得樂譜有問題。這時，在場的作曲家和評委會的權威人士堅持說樂譜絕對沒有問題，是他錯了。面對眼前的音樂權威和專業老師，他考慮再三，最後斬釘截鐵地大聲說：「不！一定是樂譜錯了！」話音剛落，台下的評委們立即站起來，報以熱烈的掌聲，祝賀他大賽奪魁。

原來，這是評委們精心設計的「圈套」，以此來檢驗指揮家在發現樂譜錯誤並遭到權威人士「否定」的情況下，能否堅持自己的正確主張。前兩位參賽的指揮家雖然也發現了錯誤，但終因隨聲附和權威們的意見而被淘汰，小澤征爾卻能充滿自信進而摘下了世界指揮家大賽的桂冠。

有自己的創意，不走尋常路

　　羊群效應告訴我們，跟在別人屁股後面亦步亦趨難免被吃掉或被淘汰。有自己的創意，不走尋常路，是一個人脫穎而出的捷徑。對個人來說是如此，對於組織來說更是如此。不管是組織團體戰或者是自主創業，保持創新意識和獨立思考的能力，都是至關重要的。

　　有家大型廣告公司招聘廣告設計師，筆試的題目是要求每個應徵者在一張白紙上設計出一個自己認為是最好的方案，沒有主題和內容限制，然後把它扔到窗外。誰的設計最先完成，並且第一個被路人撿起來看，就會被錄用。

　　設計師們開始忙碌的工作，他們絞盡腦汁描繪精美的圖案，甚至有人花心思畫出誘人的裸體美女。

　　就在其他人手忙腳亂的時候，只有一個設計師非常迅速、從容地把自己的方案扔到了窗外，並引起路人的爭搶。

　　他的方案是什麼呢？原來，他只在那張白紙上貼了一張千元大鈔，其他的什麼也沒畫。因此，大家還搞不清楚狀況的時候，他就已經穩坐錄取寶座了。

　　這就是創意的威力。

　　創意是你生命活力的激發，是你區別於羊群的最顯著標識。

　　前幾年網路經濟風起雲湧時，無數公司都將大把大把鈔票砸進網路世界，大家似乎都看到了新時代的前景，一窩蜂往裡擠，爭著做羔羊。

　　但是，在這些公司裡，真正有創意和理念的有幾家呢？市場給了我們最好的回答。在網路泡沫中，數不清的公司被淹沒了，最後存活下來的不過寥寥數家而已，大部分的羊早已銷聲匿跡，在泡沫過後連影子都沒見到。這再一次證明盲目羊群的悲哀。因此，無論是個人，還是組織，都不能盲從，不能做毫無個性的跟隨者，最重要的就是要有自己的創意，不走尋常路。

做一個積極的「應聲蟲」

有這樣一部動畫片。

一個雙眼失明的小男孩，坐在公園的長椅上，舉著一副望遠鏡「看」天空。公園裡的遊客看到小孩的模樣，以為天空出現了什麼稀罕事物，於是紛紛買來望遠鏡對著天空眺望。公園外的人看到公園裡的人都在看天空，覺得一定有什麼新鮮事，也爭先恐後去買望遠鏡來瞧瞧。直到小男孩從長椅上站起來，摸索著向前走去，人們才知道：原來天空什麼也沒有發生。

看完這部動畫片，也許很多人會啞然失笑，覺得一群人都被盲童「騙」了。實際上騙人的不是盲童，而是他們的從眾心理。很多時候，當個人的觀念和行為受到群體導引或施加壓力時，就會朝著與多數人一致的方向變化。比如，在開會時，如果一個人的意見與大家的意見不同，那他很可能放棄自己原來的想法，而追隨其他人。另外，從眾心理的出現還與當事人缺乏行為的相關知識有關，因此，別人的行為很容易成為自己行為的參考。

有一成語叫「三人成虎」，是說三個人謊報街市上出現老虎，聽者信以為真。這種在社會群體中，容易不加分析接受大多數人認同的觀點或行為的傾向，被稱為「從眾效應」。

「從眾」通俗的解釋就是「人云亦云」；大家都這麼認為，我也就這麼認為；大家都這麼做，我也就跟著這麼做。有人對「從眾」持否定態度。其實它具有雙重性：消極的一面是抑制個性發展，束縛思維，扼殺創造力，使人變得無主見和墨守成規；積極的一面有助於學習他人的智慧經驗，擴大視野，克服固執己見、盲目自信，修正自我思維方式，減少不必要的煩惱、誤會。

不僅如此，在客觀存在的公理與事實面前，有時我們也不得不「從眾」。如「母雞會下，公雞不會下」——這個眾人承認的常識，誰能不從呢？在日常交往中，點頭意味著肯定，搖頭代表著否定，而這種肯定與否定的表示法在印度某地恰恰相反。當

你到該地時，若不「入鄉隨俗」，往往寸步難行。因此，對「從眾」這一社會心理和行為，要具體問題具體分析，不能認為「從眾」就是無主見，「牆上一棵草，風吹兩邊倒」。

有這樣一個笑話。一個人在街上閒逛，忽見一長隊綿延如龍，趕緊站到隊伍後面排隊，唯恐錯過了什麼機會。等到拐過牆角，發現大家原來是排隊上廁所，不禁啞然失笑，自覺貽笑大方，趕緊悄然退出隊伍。

大多數人都認為，從眾行為扼殺了個人的獨立意識和判斷力，因此是有百害而無一利。但實際上，對待從眾行為要先辨別體認。在特定條件下，由於沒有足夠資訊或蒐集不到準確訊息，從眾行為是很難避免的。透過模仿他人的行為來選擇策略並無大礙，有時這種方式還可以有效避免風險和取得進步。

從眾效應的積極作用表現在：

★有利於集中全力達成共同目標，至少使成員不扯後腿。特別是當前競爭的現實，機遇與挑戰同時存在，對瞄準好的問題，只有適時發揮集體的力量，才能獲得更大的效果。

★有利於增強集體意識。在群體中大家同心協力，交流互補，產生新的思維方法，形成新的力量，後進趕先進，先進再先進，即便群體內有個別不自覺者，也能在從眾行為的影響下，改變其觀念與行為，使之符合群體的目標。

★有利於良好作風、習慣的養成。管理者要善於運用從眾行為的積極作用，培養下屬的良好作風、習慣。在企業內部如果樹立幾個典型，就可以帶動一部分人，如果這部分人都積極努力，那就會使另一部分人產生從眾心理，進而帶動全部人奮發向前。

在生活和工作中，我們要揚「從眾」之長，避「從眾」之短，努力培養和提高自己獨立思考、明辨是非的能力；遇事和看待問題，既要慎重考慮多數人的意見和做法，也要有自己的分析和見解，從而做出正確的判斷，並以此來決定自己的行動。凡事或都「從眾」或都「特立獨行」並不可取。

你有創意嗎?

　　找什麼樣的工作關係著未來前途,因此找工作也是一門學問。對自己的性格進行一下自我分析,看看怎樣的方式可以事半功倍,或許能為將來的事業加分,再上一層樓。

( )❶聽說難得一見的流星雨要來了,你的反應如何?

　　A 沒興趣,連新聞都懶得看

　　B 有點好奇,頂多看看新聞轉播就滿足了

　　C 我是追星一族,當然要留下珍貴的回憶

( )❷平常多久會去逛一次百貨公司呢?

　　A 我想想……上一次逛百貨公司好像是十年前的事了

　　B 平常不會主動去,路上經過就會進去看看

　　C 閒著沒事就可能會去逛逛

( )❸聽的音樂通常都是怎樣的類型呢?

　　A 我比較適合聽某一種類型的音樂

　　B 憑感覺,有些歌一聽就會馬上喜歡

　　C 不固定,很多歌都是要聽幾遍之後才知道它的美妙

( )❹對於平常所使用的交通工具,你的防盜意識如何?

　　A 治安不好,只好多裝幾道鎖

　　B 會另外加裝一道安全鎖,求個心安理得

　　C 只鎖基本配備鎖,我沒那麼倒楣

( )❺閒來無事,你會去壓馬路嗎?

　　A 會的,不過多半在附近繞圈子

　　B 會呀,而且去比較遠、平常較少去的地方

　　C 我喜歡到從來沒去過的地方來個大冒險

（　）❻每天到工作地點的時間平均約需花費多久呢？
　　　A 十分鐘以內
　　　B 十～三十分鐘左右
　　　C 超過半小時以上

（　）❼每天早上一起來，是不是很不想上班？
　　　A 難免，不過次數不會太多
　　　B 次數算算還不少，跟心情好壞有很大的關係
　　　C 只有陰雨天我會不想去公司

（　）❽是否有飼養寵物的習慣？
　　　A 是的，我超喜歡小動物
　　　B 我有養，只是牠們一些毛病也會讓我很煩
　　　C 很少或從來沒有養過寵物

（　）❾如果可以在台北101租個樓層來工作，你會選擇哪層？
　　　A 五十樓，這裡不會有閒人之紛擾，安全，視
　　　　野也不錯
　　　B 當然是最高層，我喜歡站在最高點的感覺
　　　C 一樓，這樣到哪裡都比較方便

（　）❿洗澡的時候，通常是從哪個地方開始塗肥皂？
　　　A 臉部
　　　B 胸部
　　　C 私密處

答案解析

選 A 得（1分），選 B 得（3分），選 C 得（5分）。
將每一題的分數相加，再比對最後的結果。

【20分以下：】真材實料型

你的創意及開創性不足，適合的工作並不多，可卻是專業領域炙手可熱的人物。

【20～30分：】老謀深算型

你很懂得謀略，知道如何避重就輕，知道如何運用技巧來包裝自己，為形象加分，也知道如何掩飾工作上的不專業。廣結善緣的人脈也是你在這個領域能屹立不搖的一項因素。

【31～40分：】脫穎而出型

你很有自己的想法，也喜歡貢獻自己的意見，只是每次都沒辦法引起共鳴，常常都是差了臨門一腳，也不知道問題到底出在哪裡。其實，欠缺的只是神來一筆的啟發而已。

【40分以上：】靈思泉湧型

你的專業能力或許不足，可是你的創意十足。不要去找固定模式的工作類型，那樣只會束縛你的發展。

11 酒與汙水定律

> 把一匙酒倒進一桶汙水裡，得到的是一桶汙水；
> 如果把一匙汙水倒進一桶酒裡，得到的還是一桶汙
> 水。

定律摘要

管理學上有一個有趣的定律叫「酒與汙水定律」，意思是把一匙酒倒進一桶汙水裡，得到的是一桶汙水；把一匙汙水倒進一桶酒裡，得到的還是一桶汙水。顯而易見，汙水和酒的比例並不能決定這桶液體的性質，真正起關鍵作用的是那一勺汙水，只要有它，再多的酒都成了汙水。

這是一條來自西方的管理定律，中國諺語「一塊臭肉壞了滿鍋湯」、「一粒老鼠屎壞了一鍋粥」也是同樣的道理。

無論是來自西方的定律還是中國的諺語，已經把負面影響的始作俑者做了準確的定位：汙水、臭肉、老鼠屎，這些已經定型的東西沒有改變和改造的可能。汙水不可能成為酒，臭肉不可能成為好肉，老鼠屎不可能成為調味料，既然如此，就要及時處置，對已壞的東西就不要再抱什麼幻想。

在任何組織裡，幾乎都有幾個難搞的人物，他們存在的目的似乎就是為了把事情弄糟。最糟糕的是，他們像紙箱裡的爛蘋果，如果不及時處理，會迅速地傳染，把其他蘋果也弄爛。爛蘋

果的可怕之處，在於它那驚人的破壞力。

一個正直能幹的人進入一個混亂的部門可能會被吞沒，而一個無德無才者很快能將一個高效單位變成一盤散沙。組織系統往往是脆弱的，是建立在相互理解、妥協和容忍基礎上的，很容易被侵害、毒化。

破壞者能力非凡的另一個重要原因在於：破壞總比建設容易。一個能工巧匠花費數日精心製作的陶瓷，一頭驢子一秒鐘就能將其毀掉。如果一個組織裡有這樣一頭驢子，即使擁有再多能人奇才，也不會有多少像樣的工作成果。當公司內出現這頭驢子，你應該馬上把牠處理掉，如果無力這麼做，至少把牠拴起來。

如果要毀掉一桶酒，只需要加入一匙汙水。如果讓一個爛蘋果繼續留在好蘋果堆裡，結果是變成了一堆爛蘋果。所以，任何一家企業，一旦出現爛蘋果，就一定要把這個爛蘋果扔掉。

去除害群之馬

古時候，大隗是一個很有能力的人，黃帝聽說了他的才幹，就帶領著方明、昌寓、張若等六人前去拜訪，在具茨山下的一條山溝裡，七個人都迷了路，見旁邊有一位牧馬童子，就問他知不知道具茨山在哪裡。

牧童說：「知道。」

他們又問牧童：「你知不知道有一個叫大隗的人？」

牧童說：「知道。」然後把情況都告訴他們。

黃帝見這牧童年紀雖小卻談吐不凡，就問他：「你懂得治理天下的道理嗎？」

牧童說：「治理天下跟我牧馬的道理一樣，唯去其害馬者而已！」

這位牧童就是力牧（他與風後、大鴻在傳說中是黃帝的三位大

臣）。

　　諸葛亮在《將苑》中專門有一篇〈逐惡〉指出了五種害群之馬的特徵，值得今日的管理者好好地斟酌研究。他說，不論是治軍還是理國，有五種人需要特別注意，他們是國家、軍隊混亂的根源。這五種人是：私結朋黨，搞小團體，專愛譏毀、打擊賢德的人；在衣服上奢侈、浪費，穿戴與眾不同的帽子、服飾，虛榮心重、嘩眾取寵的人；不切實際地誇大蠱惑民眾、製造謠言欺瞞視聽的人；專門搬弄是非，為了自己的私利而興師動眾的人；非常在意個人得失，暗中與敵人勾結的人。這五種虛偽奸詐、德行敗壞的小人，對他們只能遠離而不可親近。

　　「害群之馬」與酒中的汙水是一樣的，它的可怕之處，正在於它那驚人的破壞力。

　　在企業管理上，我們通常把最多的希望寄託在能審時度勢又具有戰略眼光的人才身上，毫無疑問，因為他們會做人；把那些宏偉規劃形成之後剩下的輔助性事務交給凡人去做，因為他們會很本分地做事；而小人夾在這兩者中間，如果加以正確適當的引導，他們既可做人又可做事，如果放任自流擱一邊，那他們既敗人也敗事。如果你沒有足夠的警覺和危機意識，那麼剩下來的一堆爛攤子足以讓你焦頭爛額苦不堪言。

　　一個組織的管理者是否懂得害群之馬的危害，並且在工作中加以節制，直接關係到組織的績效。

　　在我們的可視範圍裡，要把60％的眼光放在10％的人才身上，把15％的眼光留給70％的凡人，用剩下的25％的眼光盯住20％的小人。要趁那些汙水還沒發臭之前，像變魔術一樣把它悄悄地淨化，即使倒進了芳香甘醇的美酒裡也不會壞了口味，反而增添了雅興，這才是最好的解決之道。

近朱者赤，近墨者黑

酒與汙水定律告訴我們，一桶酒哪怕只倒進一匙汙水，這桶酒也會變成汙水。朋友是一生中影響我們最深的人，古語即云：「近朱者赤，近墨者黑」。

有位哲人說過這樣的話：「如果要求我說一些對青年有益的建言，那麼，我會希望他們時常與比自己優秀的人一起學習，見賢思齊，就學問或人生而言，這是最有幫助的。」結交一流人物能讓自己成長，經常與賢達之士保持來往，避開沒有價值的人際關係，這不是趨炎附勢，而是向上的力量。多與成功立業的前輩接觸討教，往往能夠轉變一個人的機運。

結交那些希望你快樂和成功的人，你就在追求快樂和成功的路上邁出了最重要的一步。和樂觀的人為伴，能讓我們看到更多的人生希望；認識比自己優秀的朋友，則能促使我們更加成熟。

戰勝自己往往是人生中最持久、最難決定勝負的艱苦戰役，但如果我們擁有許多成功的朋友，在這場看不見摸不著的戰爭中，就可輕易取勝，因為成功者已經告訴我們勝利方程式。既然是成功的訣竅，我們無需過多地懷疑和憂慮。在人的一生中，該模仿或借鑑的時候就該模仿或借鑑，什麼都靠自己去研究領悟發現，往往會貽誤時機又落伍呆板。

張衡是家喻戶曉的古代科學家，他發明了地動儀，在天文、物理等方面都有傑出的成就。張衡在青年時期就擁有很多好朋友，如馬融、王符、崔瑗等，這些都是當時很有才華的年輕人。特別是崔瑗，很早就醉心於天文、數學、曆術的研究，張衡經常和他在一起討論問題，交換心得，受了不少影響。這就是「近朱者赤」。

「近墨者黑」，是說和一些壞的、消極腐朽的人或事物長期在一起，耳濡目染之下，難免會受到侵蝕和破壞。客觀環境對人的影響是很大的，不重視周遭氛圍的選擇和結交朋友的問題，往

往近「墨」變「黑」。

　　舉出「近墨者黑」的實例並不難。修理汽車的工人每天接觸油汙，日久天長，他們的雙手都變黑了；我們挖開煤堆下的土地，就會發現它們大部分都沾上了煤。這是怎麼回事呢？原來無論是人的手，還是土地，都還有微小的空隙，由於分子擴散作用，時日一久，油汙必然會通過手的表皮進入皮膚內部，煤分子也會擴散進入土層。

　　任何事物都不是無懈可擊的。物質是這樣，人的道德修養也是如此。如果一個人接觸美好的事物或操守清廉、道德高尚的人，就有可能受到陶冶，不自覺地接受真善美的世界觀，而成為一個品德兼修的人；但如果一個人置身於「假、惡、醜、偽」的生活環境中或接觸一些品性不良的人，那麼他或多或少地會受到壞的影響。這就是「近墨者黑」。

　　人是群聚的生物，不能脫離社會團體而離群索居。當置身於大環境中，不管是自覺還是不自覺地，都會受到周遭人事物的影響。因此，人們歷來重視對所處環境的選擇，主張「居必擇鄉，遊必就士」（君子居家必然選擇好的鄰居，出遊必定要接近有學問、有品行的人）；意即不僅要注意環境選擇，更要留心在一定環境中與人的交往。

　　橘生於淮南則為橘，生於淮北則為枳，兩者味道卻不一樣，造成這種差異的原因是南北水土不同。有一個楚國人想讓他的兒子學齊國語言，於是找了一個齊國老師任教，由於身在楚國，周圍的人都說楚語，時間過了很久，這個小孩的齊語仍沒有多大的進步。於是楚國人將兒子送往齊國居住，短短數月，便學會了齊語，但對本國的楚語卻顯得生疏了，可見，不同的環境會對人產生不同的影響。

　　環境如同一個大熔爐，會將形形色色的人同化於其中。一個人處在樂觀進取、力爭上游的環境中，會受到身邊同伴言行的影響，下意識地約束、調整自己，並激勵自我不斷進步；相反，一

個人處在頹廢喪志、不思上進的環境中,將會受到消極觀念的影響,放任自己,隨波逐流。

朋友是心靈上的溝通管道,也是事業上相互支援、幫助的伙伴。與有遠大抱負或高尚情操的人為友,才能使自己在人生道路上越走越寬廣。正如古人所說的:「與君子交友,猶如身披月光;與小人交友,猶如身近毒蛇。」如果你的周圍多是良師益友,那麼你自己也會敦品勵學,愈來愈優秀。所以,我們要多與正向可為師者交往,拒絕壞的引誘與無理、違背原則的要求,這樣我們才能在人生道路上移除絆腳石,步步邁向康莊。

有效運用酒與汙水定律

企業中,難免有汙水存在,而汙水又總會給企業帶來各式各樣的矛盾與衝突;企業的經營管理者要了解這種矛盾與衝突,並掌握協調的技巧。酒和汙水在組織管理中也存在著相互博弈的過程。發現人才,善用人才,在人才大戰中占得先機,是精明的領導者引領企業走向成功的重要砝碼,而有效地運用酒和汙水定律,則是組織一個高效團隊的最佳途徑。

現代企業管理的一項根本性任務,就是對團體中的人才加以篩選和指引,剔除具有破壞力的「汙水」,使合格者的力量指向同一目標,這就是人才的運作。從經濟學的角度看,企業就是個人的集合體,企業的整體效率取決於其內部每個人的行為,這就要求這個集合體內的每個人都能發揮最大效能,以保持團隊的整體步調一致,動作協調。儘管要做到這一點很難,但只要找到合適的方法,就能順利揚起企業的奮進之帆。

有這樣一個職場寓言,可以給我們帶來啟示。

四隻猴子共同搬運一塊正方形的石板,其中,A猴兢兢業業,出力出汗,一心要完成搬運任務;D猴從一開始就沒有出力,但是裝做很賣力的樣子,嘴裡還高喊著加油、用力;B猴和

Ｃ猴則是見機行事，牠們出力的多寡完全取決於上級高層的態度。

於是，這塊石板能不能正常的搬運，就要看Ｂ、Ｃ究竟是學習Ａ，還是模仿Ｄ。一般來說，由於Ａ猴出力受累，而Ｄ猴比較悠閒，那麼Ｂ、Ｃ兩隻猴子會本能地模仿Ｄ猴，石板當然會砸下來。

當然，如果在這個過程中加進管理者介入的因素，結果會有所不同，但是向哪個方向發展，則完全要看管理者的表現。

如果管理者不僅在口頭上大力讚許Ａ的精神，而且在實際工作中重用、提拔Ａ，那麼Ｂ、Ｃ就會向Ａ看齊，至少不會偷懶去模仿Ｄ。這樣，即使Ｄ不出力，那塊石板也能順利地搬運到目的地。可是如果管理者僅在口頭上表揚Ａ，而實際上重用、提拔的是Ｄ，或甚至連口頭上都沒有稱讚Ａ，而是誇獎Ｄ（因為Ｄ儘管沒出力，但喊得最大聲），那麼Ｂ、Ｃ就會模仿Ｄ。這樣，即使Ａ還在用力，但是Ｂ、Ｃ、Ｄ都鬆手了，石板仍然會砸下來。

12 馬蠅效應

> 沒有馬蠅叮咬，馬慢慢騰騰，走走停停；有馬蠅叮咬，就不敢怠慢，跑得飛快，這就是馬蠅效應。馬蠅效應給我們的啟示是：一個人只有被叮著咬著（即督促、提醒）的時候，才不敢鬆懈，會努力拚搏，不斷進步。

效應精解

「馬蠅效應」源自於前美國總統林肯的一段有趣經歷。

一八六〇年大選結束後，有位叫巴恩的大銀行家看見參議員薩蒙‧蔡思從林肯的辦公室走出來，就對林肯說：「你不要將此人納入你的內閣名單內。」

林肯問：「為什麼這樣說？」

巴恩答：「因為他認為他比你偉大得多。」

「哦！」林肯說，「你還知道有誰認為自己比我還要偉大的？」

「不知道了。」巴恩說，「不過，你為什麼這樣問？」

林肯回答：「因為我要把他們全都請入我的內閣。」

事實證明，這位銀行家的話是有根據的，蔡思的確是個狂妄十足的傢伙。不過，他也的確是個能人，十分受林肯器重，被任命為財政部長，並盡力與他減少摩擦。蔡思對追求最高領導權非

常狂熱，而且嫉妒心極重。他本想入主白宮，卻被林肯「擠」了下來，不得已退而求其次想當國務卿，又讓西華德「占」了，他只好再降級，因而懷恨在心，憤恨難平。

後來，目睹過蔡思種種惡形惡狀並蒐集了很多資料的《紐約時報》主編亨利‧雷蒙特在拜訪林肯的時候，特地告訴他蔡思正積極地上躥下跳，覬覦總統職位。

林肯以他那特有的幽默講道：「雷蒙特，你不是在農村長大的嗎？那麼你一定知道什麼是馬蠅了。有一次我和我的兄弟在肯塔基老家的農場犁地種玉米，我吆馬，他扶犁。這匹馬很懶，但有一段時間牠卻在地裡跑得飛快，連我這雙長腿都差點跟不上。到了休息的時候，我發現有一隻很大的馬蠅叮在牠身上，於是我就把馬蠅打落了。我的兄弟問我：『為什麼要打掉它？』我回答說：『我不忍心讓這匹馬一直被咬。』我的兄弟說：『哎呀，正是這傢伙才使得馬跑起來的啊！』」

然後，林肯意味深長地說：「如果現在有一隻叫『總統慾』的馬蠅正叮著蔡思先生，那麼只要它能使蔡思所領導的部門不停地跑，我就不想去打落它。」

馬蠅效應對管理者用人很有啟發性。越是有能力的員工越不好管理，因為他們有很強烈的占有慾，或有既得利益，或有權勢，或有金錢。如果他們得不到想要的東西，不是跳槽，就是搞亂。如果想要讓他們安心、賣力地工作，就一定要有能激勵他的東西，也就是那隻「馬蠅」。

傑出的領導者都深諳激勵之術

人力資源管理的工作是最難做的。很多時候公司無法取得更大的發展，甚至分崩離析樹倒猢猻散，其根源就在於沒有做好人資管理的工作。作為一個領導者，最大的成就在於建構並統帥一支由各種不同專業知識及特殊技能成員組成的、具有強大戰鬥

力與高度協同精神的團隊，不斷挑戰更高的工作目標，不斷創造更大的績效。為此，你可能需要超越旁人的勤奮，需要更多的知識，需要更強的資源支援，更重要的是，還需要像林肯一樣，善於運用自己的智慧，利用馬蠅效應，把一些很難管理、然而又非常重要和關鍵的員工團結在一起，充分發揮他們的力量，幫助公司突破窠臼，擴大業績，提升競爭力。

有一個經典故事經常被管理界引用，它來自於《小沃森傳》。

一九四七年，小沃森剛剛接任IBM銷售副總裁。一天，一個中年人沮喪地來到他的辦公室，提出辭呈，因為他原來的主管柯克和小沃森是競爭對手，他確信小沃森主事後會把他換掉。這個中年人就是曾任銷售總經理的伯肯斯托克，才華橫溢但一度受挫。

沒有想到，小沃森笑著對他說：「如果你有才華，就可以在任何人的領導下展現出來，而不光是柯克！現在，如果你認為我不夠公平，你可以辭職。但如果不是，你就應該留下來，因為這裡有很多機會。」

伯肯斯托克留下來了，並在後來為IBM立下了不少汗馬功勞。小沃森說：「在柯克死後，留下他是我最正確的做法。」事實上，小沃森不僅挽留了伯肯斯托克，他還提拔了一批他並不喜歡但卻有真才實學的人。

這個故事體現的精髓，後來構成了IBM企業文化的一個用人準則。「吸引、激勵、留住行業中最好的人才」如今已成為IBM人力資源工作的宗旨。從另外一個角度來說，伯肯斯托克是IBM歷史上一隻很大、很厲害的馬蠅。

麥當勞公司為激勵員工的工作熱情，給勤奮上進的年輕人提供了不斷向上晉升的機會。公司規定，表現出色的年輕員工在進入麥當勞八～十四個月後成為一級助理，也就是經理的左右手。在這個階段之後，那些有突出表現的一級助理就會被提升為經

理，使他們擔任管理者的心願得到實現。

麥當勞為了順暢優秀人才的晉升管道，設立了這樣一種機制：無論管理人員多麼有才華，工作能力多麼卓越，如果他沒有預先培養自己的接班人，那麼其在公司裡的升遷將不被考慮。此一方式保證了麥當勞的管理人才不會出現青黃不接的情況，由於這關係到每個人的前途和聲譽，所以員工們都會盡一切努力培養接班人，並保證為新來的同事提供成長的機會。這種激勵機制正像「馬蠅」一樣，使馬兒們奔跑起來了。

作為全球最大網路設備供應商的思科公司，奉行「員工是最大的智力資本」之企業文化，極為重視對員工的工作回報。為吸引優秀的在學生畢業後來思科工作，他們對暑期前來實習的學生使用了股票期權這個新武器，這樣的回報分享在業界還是首創先例，且僅此一家。

一般情況下，每一位到思科的實習生可以得到五百股公司的股票期權，公司保證這些股票期權的認購價將於下個月的董事會會議上決定。這些股票期權將分階段在五年內實現。具體的規定是工作滿一年後，就開始有權購買總授予量五分之一的股票期權。接著，這種可購買的期權計量就轉為逐月計算，意即每多工作一個月，可購買的期權總量就增加總授予量的六十分之一。而且對於實習生來說，他們每個假期或上課期間在思科的實習時間都記入工作時數。這種可累積的方式深受學生們的青睞。儘管學生們只有畢業後到思科工作才能享有這些期權，但人們並不對思科產生懷疑。因為只要你相信思科，願意為它努力工作，這些期權很可能在畢業之前就已經一次或是多次分股，從而變成一個更加誘人的數字。正是採取這樣的激勵政策，思科招到了大量「最好的和最聰明的人才」，而這對於一個高科技公司而言是至關重要的。

人的慾求有千差萬別。有的較具理想性，看重的是精神層面，比如榮譽、尊重；有的比較功利，看重的是物質面向，比如

金錢。針對不同的人，要對症下藥，投其所好，用不同的方式去激勵他。若企業管理者能找到合適的激勵策略，就能讓能力突出的員工死心塌地，賣力工作。

找到合適的激勵策略

馬蠅效應告訴我們，公司要想獲得健康的肌體，必須採用運動療法。也就是說，必須設法讓員工們積極地動起來，這就需要激勵。然而，激勵是一個複雜的工作，有時讓管理者摸不著重點，甚至感到頭疼，如果激勵方法不得當，不僅無法督促員工努力工作，還會惹出許多麻煩與反效果。激勵員工並不是一件容易的事，要講究一些方法和技巧。那該怎麼做呢？管理者可從以下方面著手。

1. 學會讚美你的員工

一天晚上，M公司的一位清潔工為了保護公司財務室的保險櫃，奮不顧身地與闖入的盜賊扭打成一團，最後終在眾人趕來支援的情況下擒獲罪犯，保全了公司資產不受損失。就是這樣一個最容易被人忽視與輕視的清潔工為公司立此大功，受到了老闆的嘉獎和其他員工們的稱讚。同事們為他設宴壓驚，問他為何毅然不顧個人安危與歹徒英勇搏鬥的動機時，他的答案卻出乎所有人的意料。他說：「總經理每次從我身邊走過時，總會稱讚我地掃得很乾淨，我對總經理的讚美心存感激。」一句再簡單不過的稱讚，居然能使這位員工在關鍵時刻面對歹徒勇於挺身而出。

從這個故事中，我們可以看出要想使你的下屬始終處於一種工作的最佳狀態，最好的辦法莫過於對他們進行表揚和讚美。

2. 對完成既定目標的員工進行獎勵

馬戲團裡的動物每完成一個動作，就會獲得一份自己喜歡

的食物，這是馴獸員成功訓練牠們的訣竅所在。人也一樣，如果員工完成某個目標而受到獎勵，他在今後就會更加努力地重複這種行為，這稱為行為強化。對於一名長期遲到三十分鐘以上的員工，如果這次他只遲到了二十分鐘，管理者就應當對此進行讚賞，以強化他的進步行為。

另外，管理者應當想辦法增加獎勵的透明度。比如，把每個月發給員工的獎勵金張榜公布，或者對受嘉獎的員工進行公開表揚。這種行為將在員工中產生激勵作用。

3. 對員工進行適當鞭策

拿破崙在一次打獵的時候，看到一個男孩落水，一邊拚命掙扎，一邊高呼救命。河面並不寬，拿破崙不但沒有跳水救人，反而端起獵槍，對準男孩大聲喊道：「你若不自己爬上來，我就把你打死在水中！」那男孩見求救無用，反而更增一層危險，便努力地奮勇自救，終於游上岸來。

對待自覺性比較遲鈍的員工，一味地為他創造良好的環境去幫助他，並不一定能讓他感受到「紅蘿蔔」的重要，有時還需要「大棒」的威脅。偶爾利用你的權威對他們進行監督指導，會及時制止他們消極散漫的心態，激發他們自身的潛能。自覺性強的員工也有滿足、停滯、消沉的時候，或有依賴性，適當的批評和懲罰能夠提醒他們認清自我，重新燃起新的工作鬥志。

4. 為每個員工設定具體而恰當的目標

有證據表明，為員工設定一個明確的工作目標，通常會使他們創造出更高的績效。目標會給員工壓力，從而激勵他們更加努力地工作。在員工取得階段性成果的時候，管理者還應當把成果反饋給員工。反饋可以使員工知道自己的努力是否足夠，是否還要再加把勁，從而有助他們在完成階段性目標之後進一步提高未來的目標。

目標一定要是明確的。比如，「本月銷售收入要比上月有所增長」，這樣的目標就不如「本月銷售收入要比上月增長10％」來得有激勵作用。同時，目標要具有挑戰性，又必須使員工認為這是可以達到的。實驗證明，無論目標客觀上是否可以達到，只要員工主觀認為不可能，他們努力的程度就會降低。目標設定應當像樹上的蘋果那樣，站在地上摘不到，但只要跳起來就能摘到。這樣的目標激勵效果最好。

5. 賦予員工更多的責任和權利

一位著名企業家在分享成功經驗時，聽眾詢問他有何祕訣，他拿起粉筆在黑板上畫了一個圈，但沒有畫滿，留下一個缺口。他反問道：「這是什麼？」「零」、「圈」、「未完成的事業」、「成功的入口」，台下的聽眾七嘴八舌地答道。他對這些回答未置可否：「其實，這只是一個未畫完整的句號。你們問我為什麼會取得輝煌的成就，道理很簡單：我不會把事情做得很圓滿，就像這個句號，一定要留個缺口，讓我的下屬去填滿它。」

事必躬親，是對員工智慧的扼殺，往往事與願違。長此以往，員工容易形成惰性，責任心大大降低，而把事情全推給管理者。情況嚴重者，會導致員工產生膩煩心理，即便工作出現錯誤也不願意向管理者提出。何況人無完人，個人的智慧畢竟是有限而且片面的。為員工畫好藍圖，給員工留下空間，讓他們發揮所長，他們會做得更好。多讓員工參與公司的決策事務，是對他們的肯定，也是滿足員工自我價值實現的精神需要。賦予更多的責任和權利給下屬，他們會拚出讓你意想不到的成績。

激勵助你走向成功

馬蠅效應給我們的啟示主要是「激勵可以幫助我們往更好的方向發展」。奇異公司前總裁威爾許先生對於管理的解釋是：

「你要勤於給花草施肥澆水，如果它們成長茁壯，你會有一個美麗的花園，如果它們不成材，就把它們剪掉，這就是管理需要做的事情。」美國企業家艾柯卡曾經說過：「企業管理無非就是調動員工的積極性。」英雄所見略同，兩位管理大師都認為管理的精髓在激勵，可見激勵之重要性。

有這樣一個普遍流傳的故事。古希臘哲學家蘇格拉底學問淵博，而哲學家在當時也是很崇高的職業，因此很多年輕人來向蘇格拉底請益。一天，一個年輕人前來學習哲學。蘇格拉底一言不發，帶他來到一條河邊，突然用力把他推到了河裡。年輕人起先以為蘇格拉底在跟他開玩笑，並不在意。結果蘇格拉底也跳到水裡，並且拚命地把他往水底按。這下子，年輕人真的慌了，求生的本能使他拚盡全力將蘇格拉底推開，爬回岸上。他大惑不解地問蘇格拉底為什麼要這樣做，蘇格拉底答道：「一個人如果沒有受到外力的威脅，是不會使出十二分的努力來做事情的，也只有在承受壓力的時候，才會想辦法奮發圖強。」其實這個故事的道理跟馬蠅效應非常相像，它同樣告訴我們，激勵對一個人的作用是不可小覷的。

非洲的大草原上，每天也在上演著激勵的故事。當太陽升起的時候，草原上的動物們就開始奔跑了。獅子媽媽教育幼獅說：「孩子，你必須跑得再快一點，再快一點；你要是跑不過最慢的羚羊，就會活活地餓死。」轉到另外一個場景，羚羊媽媽也在教育小羚羊說：「孩子，你必須跑得再快一點，再快一點，如果你不能比跑得最快的獅子還要快，那就肯定會被牠們吃掉。」現在看來，雖然獅子媽媽和羚羊媽媽各自對孩子激勵的話語是對立的，但她們卻同樣告訴孩子們：「只有比別人跑得快才能生存下來。」

人類也是一樣。我們一生中會遇到不同的困難和挫折，也需要時時刺激、鼓勵自己，才能往更好的方向發展，才能加速邁向成功之路。那麼我們該從哪些方面來激勵自己呢？

★凡是發生的事情都會是好事情，樂觀的心態會讓你受益無窮。

★持續保持行動力。心動不如行動，行動產生希望。

★走出去看看你想要的東西，它們會激勵你去實現自己的目標。

★人生有夢，築夢踏實。一步一步完成美好的想法，能更容易地獲致成功。

★建立自我危機感和強烈的緊迫感。讓自己處在危機之中，就會有強烈的緊迫感。

★找一個競爭對手。良性、有效的競爭可以激發自己的潛力。

★堅定你的信念，因為信念是成功的第一要素。

★狀況不好、心煩意亂的時候，出去放鬆一下。

★要學會欣賞自己，肯定自己。只要相信自己行，就一定行。

★多想想前人的成功經驗，複製、學習、參考都有助益。

★要把拒絕當做一種動力，無法獨立完成可以請其他人幫忙。

★今日事今日畢，可以增加行動力。

★經常充電學習，時時保有競爭力。

幫自己找一個競爭對手

馬蠅效應給我們的啟示是：一個人或者一個企業，要想更好地生存和發展，就必須有一個競爭對手。也有人曾說過這樣一句話：「一匹馬如果沒有另一匹馬緊緊追趕並要超越牠，就永遠不會疾馳飛奔。」同樣，如果一個人總是怨天尤人，只想坐享其成，是永遠不會進步的；不能腳踏實地，妄想一步登天，那更不可能有成功之神眷顧。

有這樣一個實際發生的例子。

二十世紀六〇年代和七〇年代早期，百事公司為了擴大市場，給自己訂下了目標：擊敗可口可樂公司。可口可樂公司失去市場領導地位後，如夢初醒，也進行了一次出色的創新。為什麼呢？因為可口可樂公司新的管理階層開始集中精神要贏過百事公司，而不僅僅是爭取比過去做得更好。為了與可口可樂公司的銳意改革相抗衡，百事公司的管理階層進一步強化了業已形成之積極進取的企業文化。兩家公司你爭我鬥、互有消長，結果創造了諸多歷史紀錄：在接下來的五年中，兩家飲料業的創新點子比過去二十年的總合還要多，整個業績增長了一倍，而且市場占有率都達到了歷史新高。實際上這兩家品牌由於良性競爭的緣故，已經成功達成「雙贏」的局面。

看完這個例子，我們就已明瞭找一個競爭對手的必要性了——沒有競爭便沒有進步，也沒有明確而迫切的目標可以追尋。雖然競爭似乎有點無情，但它是公平的。沒有人註定永遠是弱者，弱者如果努力付出，就會化弱為強，而強者若不持續上緊發條，就會在競爭的大潮中一落千丈。勇於競爭，善於競爭，這是一件說來容易做來卻很難的事。道理人人都懂，可真正實行起來，不少人都難免畏而不前，因此，只有有膽識的人，才可能在競爭中脫穎而出。張海迪（中國著名殘障作家）、日本近代音樂的奠基人宮道正夫（九歲時雙目失明），他們都是殘疾人士，但是他們卻敢於和正常人競爭。崇高的理想、堅定的信念、不懈的努力，使他們最終成為生活的強者。

當然，幫自己找一個「對手」，並不是盲目地去尋找一位「挑戰者」，我們必須清楚知道，是在進行一場公平而又合理的競爭，絕對不是在尋找一個「敵人」，然後將其消滅。換言之，我們與對手之間的競爭應該是一項光明正大的比賽，不應該具有某種侵略性和攻擊性，更不應該將「對手」一拳打倒在地。競爭的極致是一種雙贏，而不是一定要決出勝負和分出什麼高低來。

我們不能逞一時之強，到處樹敵和招惹事端。給自己找一個「對手」，說穿了就是藉外來壓力來磨練自己，並讓一顆歷經風霜雨雪的心，在跌宕起伏的歲月裡，能夠不斷地迎接挑戰，而其中所獲得的一些經驗與教訓則可作為我們不斷成長的養分。

幫自己找一個「對手」，從某種意義上說，是在檢驗自己的生活彈簧，到底能夠承受多少來自於外界的重負。對於每一個人來說，成長的過程就是成熟、進步和積累經驗的過程，在這個過程當中必定會有競爭，有了競爭便會存在競爭對手，所以，我們應該正確看待「對手」的價值。他實際上是在扮演一個「挑戰者」的角色，這對我們來說是有好處的，因為他會督促我們進步，讓我們無暇驕傲，繼續前進。他同時也是一面鏡子，對照之下，我們會找到自身的缺點和不足，並及時予以改正。有時候「對手」給我們的考驗不只一次，能讓我們變得更加成熟，更有智慧去面對困境。

所以「對手」不是「敵人」，兩者有著本質的區別。當我們面對生命中一個又一個有形無形的「對手」時，不要逃避，更不能消沉和後退，逃避對手就等於放棄進步。相信馬蠅效應，給自己找一個競爭對手，這會讓你更成長。

測驗　你是一個勇於面對競爭的人嗎？

　　人永遠是處於競爭狀態中的，不能逃避。做做下面的測驗，看看自己是否是一個勇於面對競爭的人。

（　）❶ 在平時的工作中，你非常想超越別人嗎？
　　　　A 經常這樣想
　　　　B 有時這樣想
　　　　C 從未想過

（　）❷ 與過去相比，你願意參加各種競賽，以檢驗自己能力的高低嗎？
　　　　A 願意
　　　　B 無所謂
　　　　C 不願意

（　）❸ 對於競爭的正確態度你認為應該是怎樣的？
　　　　A 競爭能發揮個人才能，應該積極參與
　　　　B 競爭不關我的事
　　　　C 競爭會帶來很大的壓力，造成心理緊張

（　）❹ 業餘時間你最喜歡閱讀哪類書籍？
　　　　A 名人傳記類
　　　　B 文藝小說類
　　　　C 娛樂星聞類

（　）❺ 現代職場競爭激烈，為保證在工作上勝過其他人，所以不能把自己知道的資訊告訴別人。對此你的態度是？
　　　　A 反對
　　　　B 不大同意
　　　　C 同意

（　）❻為了適應環境，你認為人們應該怎麼做？

　　　　　A 視情況而定

　　　　　B 對不同的人講不同的話

　　　　　C 對不同的人講不同的話是滑頭的表現

（　）❼你認為應該怎樣選擇朋友？

　　　　　A 應該選擇志同道合的朋友

　　　　　B 要非常慎重

　　　　　C 廣交朋友

（　）❽一個人應該從事任務重、風險大、收入高的工作。
　　　對於這個觀點，你怎麼看？

　　　　　A 同意

　　　　　B 不一定

　　　　　C 反對

（　）❾在職業的選擇上，你希望找一個「鐵飯碗」嗎？

　　　　　A 不希望

　　　　　B 希望

　　　　　C 不一定

答案解析

A 為（2分），B 為（1分），C 為（0分）。

【總分小於6分】說明你是一個迴避競爭的人。

【總分6～10分】說明你在競爭面前還能保持正確的心態，
　　　　　　　　但需要繼續拚搏。

【總分大於10分】恭喜你，你是一個不怕競爭的人，也能坦
　　　　　　　　然面對競爭的過程。

13 馬太效應

> 馬太效應是指好的愈好，壞的愈壞；多的愈多，少的愈少；讓有的變得更富有，沒有的更加一無所有的一種現象。

效應精解

馬太效應是指好的愈好，壞的愈壞；多的愈多，少的愈少的一種現象。它出自《聖經》中的一個故事：

主人將要遠行到國外去，臨走之前，將僕人們叫到一起，把財產委託他們保管。

主人根據每人的才幹，給了第一個僕人五個塔倫特（古羅馬貨幣單位），給第二個僕人兩個塔倫特，給第三個僕人一個塔倫特。

拿到五個塔倫特的僕人把它用於經商，並且賺到了五個塔倫特。

同樣，拿到兩個塔倫特的僕人也賺到了兩個塔倫特。

但是拿到一個塔倫特的僕人卻把主人的錢埋到了土裡。過了很長一段時間，主人回來與他們算帳。

拿到五個塔倫特的僕人，帶著另外五個塔倫特來到主人面前，說：「主人，你交給我五個塔倫特，請看，我又賺了五個。」

「做得好！你是一個對很多事情充滿自信的人，我會讓你掌管更多的土地。現在就去享受你的土地吧！」

同樣，拿到兩個塔倫特的僕人，帶著另外兩個塔倫特來了，他說：「主人，你交給我兩個塔倫特，請看，我又賺了兩個。」

主人說：「做得好！你是一個對一些事情充滿自信的人，我會讓你掌管很多土地。現在就去享受你的土地吧！」

最後，拿到一個塔倫特的僕人來了，他說：「主人，我知道你想成為一個強人，收穫沒有播種的土地，收割沒有撒種的土地。我很害怕，於是把錢埋在了地下。看，那兒埋著你的錢。」

主人斥責他說：「又懶又缺德的人，你既然知道我想收穫沒有播種的土地，收割沒有撒種的土地，那麼你就應該把錢存在銀行家那裡，讓我回來時能連本帶利地還給我。」

然後他轉身對其他僕人說：「奪下他的塔倫特，交給那個賺了五個塔倫特的人。」

「可是他已經擁有十個塔倫特了。」

「凡是有的，還要給他，使他富足；但凡沒有的，連他所有的也要把他奪去。」一九六八年，美國科學史研究者羅伯特‧莫頓提出這個名詞用以概括一種社會心理現象：「相對於那些不知名的研究者，聲名顯赫的科學家通常得到更多的聲望，即使他們的成就是相似的；同樣的，在同一個專案上，聲譽通常給予那些已經出名的研究者，例如，一個獎項幾乎都是授予最資深的研究者，即使所有工作都是由一個研究生完成的。」

羅伯特‧莫頓歸納馬太效應為：任何個體、群體或地區，一旦在某一方面（如金錢、名譽、地位等）獲得成功和進步，就會產生一種積累優勢，進而得到更多機會取得更大的成功和進步。

馬太效應是個既具消極作用又有積極意義的社會心理現象。

馬太效應的消極作用是：名人與無名者做出同樣的成績，前者往往受到上級表揚，記者採訪，求教者和訪問者接踵而至，各種桂冠也一項一項地送過來，結果往往是其中一些人，因沒有清

醒的自我認識和理智態度而居功自傲，在人生道路上跌跟頭；而後者則無人問津，甚至還會遭受非議和嫉妒。

其積極意義是：其一，可以防止社會過早承認那些還不成熟的成果或過早接受貌似正確的結論；其二，馬太效應所產生的「榮譽追加」和「效應終身」等現象，對無名者有巨大的吸引力，促使無名者去奮鬥，而這種奮鬥又必須有明顯超越名人並取得成果才能獲得榮譽，社會進步和科學突破中也隱見馬太效應的推動作用。

馬太效應不僅是社會心理學上經常借用的名詞，也是十幾年來經濟學界經常提及的，用以提醒決策者，要避免貧富差距過大。這個名詞反映貧者愈貧、富者愈富、贏家通吃的經濟學中收入分配不公的現象。馬太效應揭示了一個不斷增長個人和企業資源的需求原理，關係到個人的成功和生活幸福，因此它是影響企業和個人未來的一個重要法則。

在人類社會中，馬太效應如實呈現，尤其在資本主義社會裡普遍存在的一個現象，即贏家通吃：富人享有更多資源──金錢、榮譽以及地位，窮人卻變得一無所有。

日常生活的例子也比比皆是：朋友多的人，會借助頻繁的社交活動結交更多的朋友，缺少朋友的人則一直孤獨；名聲在外的人，會有更多出鋒頭的機會，因此更加出名；容貌漂亮的人，引人注目又有親和力，容易討人喜歡，因而他（她）們的機會總比一般人多，甚至演員、模特兒等職業似乎是專門為他們敞開的；一個人受的教育愈高，就愈可能在高學歷的環境裡工作和生活。

社會貧富差距，也會產生馬太效應。在股市樓市狂潮中，最賺的總是莊家，最賠的總是散戶。若不加以調節，市井小民的血汗錢，就會透過這種形態聚集到少數人手中，進一步加劇貧富分化。另外，由於富者通常會得到更好的教育和發展機會，而窮者困窘於經濟原因，比富者更乏發展機遇，這也會導致富者越富、窮者越窮的馬太效應。

寧可錦上添花，絕不雪中送炭

美國某個小村住著一個務農的老頭，他有個和他相依為命的兒子。有一天，他的老同學基辛格路過此地，前來拜訪他。基辛格看到朋友的兒子已經長大成人，於是就對他說：「親愛的朋友，我想把你的兒子帶到城裡去工作。」

沒想到這老頭連連搖手：「不行，絕對不行！」

基辛格笑了笑說：「如果我在城裡給你的兒子找個老婆，可以嗎？」

他的朋友還是搖頭：「不行！他沒有經濟能力可以結婚。」

基辛格又說：「但這家小姐是羅斯切爾德伯爵的女兒（羅斯切爾德是歐洲最有名望的銀行家）。」

老農說：「嗯，如果是這樣的話⋯⋯」

基辛格找到羅斯切爾德伯爵說：「尊敬的伯爵先生，我為你女兒找了一個萬中選一的好丈夫。」

羅斯切爾德伯爵忙婉拒道：「可我女兒太年輕。」

基辛格說：「但這個小夥子是世界銀行的副總裁。」

「嗯⋯⋯如果是這樣⋯⋯」

又過了幾天，基辛格找到了世界銀行總裁對他說：「尊敬的總裁先生，你應該馬上任命一個副總裁！」

總裁先生搖著頭說：「不可能，這裡這麼多副總裁，我為什麼還要多任命一個呢，而且必須馬上？」

基辛格說：「如果你任命的這個副總裁是羅斯切爾德伯爵的女婿，可以嗎？」總裁先生欣然同意：「嗯⋯⋯如果是這樣的話，我絕對歡迎。」

基辛格之所以能夠讓農夫的窮兒子搖身一變，成了金融寡頭的乘龍快婿和世界銀行的副總裁，根本的原因就在於他充分利用人們的一種心理：寧可錦上添花，絕不雪中送炭。這是中國的傳統說法，這種現象在西方心理學家口中就是馬太效應。

成功是成功之母

常言道：「失敗是成功之母。」這句話有其道理，但不是絕對的，因有一定的適用範圍， 試想一下，如果你屢屢失敗，從未嘗過成功的滋味，那還有求勝的信心嗎？你還相信失敗是成功之母嗎？

事實上，馬太效應讓成功有倍增效果，越趨成功，就越有自信，越有自信就越容易成功。成功像無影燈一樣，不會給人心靈上投下陰影，反而會滿足人們自我實現的需要，產生良好的情緒體驗，成為不斷進取的加油站。

在一本名為《超越性思維》的書中，作者提出了「優勢富集效應」的概念：起點上的微小優勢經過關鍵過程的級數放大會產生更大級別的優勢累積。從中可以看出，起點對於整件事物的發展，往往超過了終點的意義。這就像在百公尺賽跑的時候，如果參賽者實力都差不多，你在槍響時比別人的反應快零點幾秒，那麼，你能奪得冠軍的機率就多了一些。

一次，某大學的一群同班同學在畢業三十年後開同學會。有的唸了博士當教授、工程師、研究員，有的官運亨通當了處長、局長，有的白手起家成了公司老總，也有的只是平凡的上班族，還有賠本欠錢、到處躲債的。

當年在一個課堂裡聽講的學生如今差別這麼大，有些人不服氣，說當初畢業的時候，大家學問、本事都差不多，可有的人機遇好就上天，有的人運氣背就入地——這世道太不公平了。

被邀請來參加聚會的班導師聽了這些抱怨，只是微微一笑，給這群當年的學生出了一道題：10－9＝？

班導師見他們一個個直眉瞪眼，便說：「你們會打保齡球嗎？保齡球的規矩是，每一局十個球，每一個球得分是0～10。這10分和9分的差別可不是1分。因為打滿分的要加下一個球的得分，如果下一個球也是10分，加上就成了20分。20與9的差別

是多少？如果每一個球都是全倒，一局就是300分。當然，300分太難，但高手打270分或280分卻是常有的。假如你每一個球都差一點，只得到9分，一局最多才90分。這270、280與90的差距是多少？」

班導師繼續說：「排除別的因素不談，你們當初畢業時，也就是10分與9分，差別並不大。但是這之後，有的人繼續不斷地努力，毫不鬆懈，十年下來，他取得多大成績？如果你還是九分八分地幹，甚至四分五分地混，這十年拉出多大距離？可不就是天上地下嗎？」

這個故事所反映的就是個人發展中的馬太效應，它對我們的啟示是：成功是成功之母。

而與此相反，失敗會使人灰心喪氣，離成功愈來愈遠。因為人遇到挫折和失敗，馬上就會受到上司的輕視、朋友的疏遠和親人的責怪，使得他的自信蕩然無存，產生破罐子破摔的心態，放任自己，然後惡性循環，要想翻身必須付出比別人更多的努力。

成功與失敗也有兩極化的馬太效應，成功會使一個人越自信就越能成功；而失敗會使一個人越灰心喪氣，離成功愈來愈遠。

當然，提倡「成功是成功之母」並不反對人們從失敗中學習。「失敗是成功之母」對於抗壓力強的成年人來說，可能是正確的，但對於心智尚未成熟、意志還很脆弱的中小學生來說，並不那麼適用。

對中小學生而言，「成功是成功之母」可能更適合他們的發展。成功的教育使人走向成功，失敗的教育使人走向失敗。即使是天才，也需要成功的機會來塑造。

當一名學生取得成功後，進而衍生出來的自信心，促使他拿到更好的成績。隨著好成績的加持，心理因素再次得到優化，從而形成了一個不斷發展的良性循環，讓他獲得不斷的成功。透過成功體驗，學生將產生積極向上的心態，具有了更大的發展潛力，獲致更多的成功。這就是馬太效應在教育領域的靈活運用。

理財中的馬太效應

馬太效應的應用領域非常廣泛，在理財中也同樣適用。

小趙和小朱大學畢業後一同進入了一家電腦公司擔任程式設計工程師，兩人學歷一樣，薪資相同，但理財觀念卻大相逕庭。

小趙的思路比較靈活，前些年股市熱絡，他利用懂電腦的優勢，購買了股票分析軟體，天天研究Ｋ線、Ｄ線，並把平常積攢的三萬元全部投入，一年多的時間，他的股票市值就到了六萬元。後來，他見公司附近開發了一條商店街，由於當時有錢投資的人都把資金注入股市，所以購房者寥寥無幾，最後建商不得不將現房降價求售，於是，小趙便用這六萬元買了一間店面。

三年的時間過了，他的店面已經升值到了三十萬元。後來，見當地房產價格走勢趨緩，他又將店面出售，把三十萬元全部買了開放式基金，結果一年的光景又實現了100％的盈利，三十萬元成了六十萬元。

而小朱在理財上則十分保守，剛畢業那兩年他的積蓄和小趙不相上下。但為了穩妥起見，他一直把錢存進銀行，自足於每年坐收利息。但他沒有考慮貨幣的貶值因素，後來銀行定期存款的利率直直落，如果再對照到CPI（消費者物價指數），一年期定存的利率實際上為負數，也就是說小朱的積蓄在不斷「負成長」。

負利率這個「看不見的手」如同國王新衣一樣，讓不善理財者嘗到了通貨膨脹帶來的苦果——辛辛苦苦攢下的家財不但沒有增值反而貶了值；而對於善於理財者，則盡享負利率帶來的「房產升值、基金增長」等理財果實，從而使自己的錢如滾雪球一般實現快速增值。

這就是理財中的馬太效應。

測驗 **你是理財高手嗎？**

你的財商有多高？你是個理財高手嗎？不妨利用下面的測驗測試一下。

( ) ❶ 雖然你對股市不是很熟悉，但是有可靠消息透露某支股票即將有主力介入炒作，你會考慮嗎？
　　A 相信消息的可靠性，投入全部存款購買，甚至孩子的教育基金
　　B 取少量的存款投入，看行情如何，再做投資
　　C 不投資，不相信股市

( ) ❷ 你的新房子正在裝潢，你會在哪一部分花最多的錢？
　　A 客廳的沙發、擺設
　　B 臥室的床
　　C 浴室、廚房

( ) ❸ 歲末大掃除，你會先丟掉下列哪一樣物品？
　　A 體積過大的老電器
　　B 零零碎碎的小東西
　　C 過期的舊書雜誌

( ) ❹ 新年時你和心儀對象第一次一起去廟裡燒香。你許願今年萬事如意，結果抽了一個大吉籤。如果要你把這支好籤繫在樹枝上，你選以下哪個樹枝？
　　A 儘量高的樹枝
　　B 一伸手就構得到的樹枝
　　C 低矮的樹枝上

( ) ❺ 對你來講錢的意義最大是以下的哪一筆？
　　A 孩子的教育費用
　　B 海外以及全球的旅遊
　　C 權利、自由或安全感

( ) ❻ 你是如何刷牙的？
　　　　A 慢慢仔細地刷至少兩分鐘以上
　　　　B 疾速刷兩三下完畢
　　　　C 一邊讓水龍頭開著一邊刷牙

( ) ❼ 你到了骨董店，看到櫃檯上有三件令你怦然心動的
　　　東西：鬧鐘、燭台、首飾盒。但是你的口袋裡只有
　　　買一樣東西的錢，你會怎樣選擇？
　　　　A 鬧鐘
　　　　B 燭台
　　　　C 首飾盒

( ) ❽ 如果送給你一棵樹苗，種在你家的花園裡，想像一
　　　下，幾年之後它會長成什麼樣子？
　　　　A 開滿鮮花
　　　　B 枝繁葉茂，結滿果實
　　　　C 枯死了

( ) ❾ 你準備為自己買一台筆記型電腦，但是手頭並不寬
　　　裕，那麼你會怎麼辦？
　　　　A 挪用其他預算買最高規格的
　　　　B 考慮自己的經濟狀況與需求，買一台性能比
　　　　　較不錯而又能負擔得起價格的
　　　　C 能滿足自己最簡單需要，能用就行了

( ) ❿ 好朋友急於向你借錢，他和你有深厚的交情，那麼
　　　你會怎麼辦？
　　　　A 你一定會竭盡所能來幫助他
　　　　B 你會在手頭寬裕的情況下幫助他，但請他寫
　　　　　借條及歸還日期
　　　　C 即使友情深厚，也不借錢給他

答案解析

計分方法：

❶ 選 A 得1分；選 B 得2分；選 C 得3分。
❷ 選 A 得1分；選 B 得2分；選 C 得3分。
❸ 選 A 得3分；選 B 得1分；選 C 得2分。
❹ 選 A 得2分；選 B 得3分；選 C 得1分。
❺ 選 A 得3分；選 B 得1分；選 C 得2分。
❻ 選 A 得3分；選 B 得2分；選 C 得1分。
❼ 選 A 得1分；選 B 得2分；選 C 得3分。
❽ 選 A 得3分；選 B 得2分；選 C 得1分。
❾ 選 A 得2分；選 B 得3分；選 C 得1分。
❿ 選 A 得2分；選 B 得3分；選 C 得1分。

【 15分以下 】

你對理財頗有概念，從不亂花錢，購買的東西一定是「便宜
又大碗」。雖對金錢略有神經質，但一分一毫不馬虎，有時
會被別人認為是吝嗇。美中不足的是，你只在節流方面努
力，很少思考開源的方法。最好改變一下觀點，如此，你會
意外地得到好主意，而財運也必為之大開。

【 15～27分 】

你賺錢的能力很強，可惜的是花錢的能力更強，儘管收入很
高，卻仍覺得錢不夠花。跟你一樣收入的人都可以買豪華轎
車了，你卻還是公車捷運族。有時大把揮霍，有時身上不留
一文，偶爾還會前債未清又借貸。你天生有致富的命，可惜
不太會把握，回想一下自己花錢的態度，別太注意「表面功
夫」，要考慮收支平衡。

【27分以上】

你買東西至少考慮三次以上，但是在朋友面前又裝做很大方的樣子，所以一般人都覺得你的經濟情況是很寬裕的，而不了解你其實是個開源和節流都並重的理財大師。你是個高品味的人，是天生上流社會的人物，在朋友面前有時很衝動。雖然買起東西來不至於浪費，但常常買一些用不著的裝飾品、衣服等，稍微注意一下這種情形，你會變得更有錢。

14 二八法則

> 世界上充滿了神祕的不平衡：20％的人掌握80％的財富，20％的人集中了80％的人的智慧， 20％的人完成了80％的任務，20％的人管理著80％的股市……這就是二八法則。

法則探源

早在一八九七年，義大利經濟學家帕累托（一八四八～一九二三）偶然注意到英國人的財富和收益模式，於是潛心研究，並於後來提出了著名的「二八法則」。二八法則又稱做帕累托法則、帕累托定律、二八定律、最省力法則和不平衡原則。

二八法則有多種解釋，最常見的三種是：（1）最早是指20％的富人擁有世界上80％的財富；（2）所完成的工作裡80％的成果來自於你20％的付出，而80％的付出只換來20％的成果；（3）80％的收入來源於20％的客戶。占多數的80％只能造成少許的影響，而占少數的20％卻造成主要的、重大的影響。

IBM電腦公司是最早，也是成功運用二八法則的一家公司。一九六三年，該公司發現，一部電腦約80％的執行時間，是花在20％的執行指令上。據此，公司立刻重寫它的操作軟體，讓大部分人都能容易接近這20％，從而輕鬆使用。由此該公司製造的電腦比起其他競爭者，速度變得更快，效率更高。三十多年後，

惠特曼出任ebay公司總裁。上任不久，她召開了一次會議，討論銷售策略。透過用戶資料的重新整理，惠特曼發現公司20％的用戶，占據了公司80％的銷售額。此一資訊表明，這20％的客戶成為該公司收益和發展的關鍵。當公司追蹤這20％核心用戶的身分時，發現這些人大都是嚴肅的收藏家。據此，惠特曼和她的團隊決定，在收藏家專業媒體及其交易展上加大宣傳力度。這一決策成為該公司成功的一把金鑰。

俗話說：「家有三件事，先從急處來。」說的就是辦事要抓住關鍵，當掌握了主要矛盾，工作就會「舉一綱而萬目張」，出現「事半功倍」之效。這就是二八法則的歷史性貢獻。

帕累托透過研究發現，社會上的大部分財富被少數人占有了，而且這一部分人口占總人口的比例與這些人所擁有的財富總額，具有極不平衡的關係。帕累托還發現，這種不平衡的模式會重複出現，而且是可以提前預測的。於是，帕累托從大量具體的事實中，歸納出了一個簡單而讓人不可思議的結論：如果社會上20％的人占有社會80％的財富，那麼可以推測，10％的人占有了65％的財富，而5％的人則占有了50％的財富。

這樣，我們可以得到一個讓很多人不願意看到的結論：一般情況下，我們付出80％的努力，也就是絕大部分的努力，都沒有創造效果和收益，或者是沒有直接創造效果和收益；而我們80％的收穫卻僅僅來源於20％的努力，其他80％的付出只帶來20％的成果。很明顯，二八法則向人們揭示了這樣一個真理：即投入與產出、努力與收穫、原因和結果之間，普遍存在著不平衡關係。小部分的努力，可以獲得大的收穫；起關鍵作用的小部分，通常就能主宰整個組織的產出、盈虧和成敗。

企業管理中的二八法則

若要使自己的企業在競爭激烈的市場浪潮中站穩腳跟，並獲

取更多的利潤，採用二八法則是十分必要的。

1. 80%的收入來自20%的商品

二八法則也同樣適用於從事商品銷售的公司。如果對經營概況做一個細微的統計，就會發現商品市場永遠不可能達到均衡。通常的情況是，占總產品數量20％的產品，所帶來的利潤卻占了全部利潤的80％；反之，剩餘80％的產品創造的利潤，僅僅占了全部利潤的20％。

如果把日常費用分攤在每一種產品上時，你就會發現，有些產品（或者說20％）雖然只占營業額的少數，但利潤卻非常可觀；大部分（或者說80％）產品的利潤十分微薄；甚至可能還有一些產品，在分攤了費用之後，則會出現虧損現象。

因此，公司要善於發現那些能帶來超額利潤的20％核心商品，集中精力在這些產品上下工夫。簡單地說，就是我們要發現招牌產品和占據大比重營業額的商品，我們要時刻關注為公司帶來80％利潤的部分商品（占總量20％），同時要洞察在未來有較大發展潛力的產品。

要注意的是，二八法則不是說只需要掌握這20％的核心商品，其他的商品可以不管不顧。二八法則的目的是讓你把重要精力投注在值得加碼投資的商品上。如果對這樣一個黃金法則嗤之以鼻，那麼只會做出盲目銷售新商品的無用之功。

2. 發掘20%的核心客戶

一個公司只要正常營運，無論它的產品或服務最終是否被消費者購買，他們都有自己的客戶；但關鍵問題是，應該怎樣去了解客戶。公司和企業當然都知道自己的客戶是哪些，但在很多情況下，要詳細準確地說明這些人的背景卻是不容易的。如果你只有少數屈指可數的客戶，你也許能對他們如數家珍，但一般的公司都有大量的客戶，對於他們，公司也只有一個概數，而不是

清晰地印刻在每個相關人員的腦中。所以，在各種商業領域運用二八法則是很容易奏效的。

可以這樣說，你的業務絕大部分（比如說80％）可能只依靠占相對比例小得多的客戶（比如20％）。簡而言之，一小部分的客戶買走了你的一大部分產品。你可以根據客戶占有公司總銷售額的百分比來排列順序。對於一個大規模或結構複雜的公司，你可以根據產品或行業來做這項工作。所有這些問題最後得到的答案，就是我們需要重點保持聯絡的核心客戶，因為他們就是我們大部分產品的消費者，也是利潤的主要創造者。只要清楚地了解這一點，以後的工作就不會毫無頭緒或不分主次。同時，我們不能只看到眼前發生的事情，也需要洞悉長遠的趨勢和變化。否則，鼠目寸光只會迷失方向，發展就更無從談起。

3. 留住20%最優秀的員工

如果你在統計銷售業績時發現，有20％的銷售人員創造出了80％的利潤，不必驚訝，這時應該做的是緊緊留住這些頂尖銷售高手。

微軟前總裁比爾・蓋茲曾開玩笑地說，誰要是挖走了微軟最重要約占20％的員工，微軟可能就完了。這裡，蓋茲告訴我們一個祕密：企業持續成長的前提，就是留住關鍵人才，因為關鍵人才是一個企業最重要的戰略資源，也是企業價值的主要創造者。在這裡，這些頂尖銷售高手就是關鍵人才。留住這群菁英，讓他們覺得這不僅僅是為了一份薪水而已。要讓他們知道，你非常重視他們，希望長期合作……要建立這樣的默契和對彼此都有利的承諾才夠格穩定他們。尤其在組織進行調整、轉型與變革時，這一點相當重要。由於他們擁有專業的技能和豐富的經驗，跳槽對他們來說是輕而易舉的，同時，他們也是獵人頭公司最希望獵取的物件。

4.「牛鼻子」帶動企業發展

二八管理法則的要旨在於把握20％的要務，明確企業經營應該關注的重要方向，從而指導經營者在千頭萬緒中抓住重點、全力進攻、以點帶面，以此來牽住經營的「牛鼻子」，帶動工作團隊整體順勢而上，取得好成效。簡而言之，二八法則所提倡的指導思想，就是「有所為，有所不為」的經營方略。將二八作為確定比值，本身就說明企業在管理工作中不應該事無巨細，而要抓住重點，包括關鍵的人、事（環節）、物（項目）。

美國、日本一些知名的跨國企業，經營管理高層都很注重利用二八法則來指導企業運作，隨時調整和確定階段性20％的重點經營要務，力求採用最高效的方法，使下屬企業的遵行方向能間接地抓上手、抓到位、抓出成效。這也就是為什麼有些美國和日本的企業雖然很大，卻管理得有條不紊，而且效益極致擴張的原因。二八管理法則的精髓就在於使那些重點經營要務在傾斜性管理中得到突出，並有效發揮帶動企業全面發展的「龍頭」作用。

二八法則應用實例

要想促進企業快速成長，就要善用二八法則。然而很多人對這種說法都持懷疑態度，因為企業超速發展這種現象本來就是異常。而且，二八法則對很多人來講都還陌生，因而對它的作用不置可否。如同人類成長般，企業要長大也應該要遵循一定的客觀規律。倘若真能超速成長，那就違背了客觀規律，相對的會帶來負面效應。然而，作為在現實社會中客觀存在的一條真理，二八法則確實能為企業的發展壯大助一臂之力。當然，它要發揮作用，是需要先決條件的。那就是企業裡，要有意志堅定、遠見卓識的領導人。

二十世紀五〇年代初，日本本田公司還是一個資產不過百萬

的小公司，但是他們的領導人本田宗一郎和藤澤武夫卻立下雄心壯志，他們對自己的產品充滿信心，大膽鼓吹本田公司要成為日本第一乃至世界第一，人們因此譏笑這兩個人是「狂人」。然而如果僅僅喊口號，理想只不過是癡心妄想和白日夢，只有在偉大信念的支撐下去努力行動，理想才能得以實現。本田公司的過人之處，就是能夠把這種狂妄落實到腳踏實地的行動中去。

權力是凝聚一個組織的核心力量，權力意志是企業的基本意識，也就是支配意志，是一種要求對企業運作、組織層級和社會財富進行支配控制的意願和能力。具有領袖氣質的企業家在這個前提條件確立後，接下來人們最關心的便是如何實現企業超速增長。

遵循二八法則是實現這一宏願的必備條件，要勇於開拓企業視野，要有全世界最堅定的信心，要篤信能找到為自己成功助一臂之力的條件，如那些最好的策略、最好的人才、最好的機遇，並做最好的連結。有了這種高效率的組合，可以省略大部分自我奮鬥的過程，抄便捷之路，把企業外部的各種資源充分利用，一圓跳躍性發展之夢。

世人皆知的麥當勞速食連鎖店其成功訣竅之一，就是運用了二八法則。麥當勞有三分之二的分店是特許經營店。這些分店都由當地加盟的投資人出資，並由投資人負責管理與經營責任，同時承擔投資風險。如果一年開設五百家分店，全由麥當勞自己直營，就需要投資數億美元，還要招聘、培訓兩千多名員工，要想妥善管理這麼一個龐大、複雜的體系，有條不紊地處理這麼多的工作，其中的困難可想而知。開設連鎖店是當今商業社會一種新興模式，很多企業都朝這個方向，但皆以失敗告終；導致他們失敗的重要原因是沒有做好具決定作用的20％之內部工作，而麥當勞20％的工作，如超值商品體系、品牌形象與總部管理，都運轉的非常出色，也就是既成功地利用了外部資源，又為客戶創造並提供了最好的、獨特的服務。

如何吸引更多的投資者（包括員工）在最短時間拿出更多的資金進行投資？唯一正確的做法是，給予投資者高於常規比率的權益、報酬。傳統常規權益的分配觀念，是自己占大部分，別人占小部分。採取二八的權益分配策略，即原則上讓對方得利多，自己獲益小。這種策略，不但能夠快速擴大規模，而且可以讓合作者分擔更多的責任和風險。

二八法則，讓距離產生美

人的一生中，總在各個不同的階段結交新朋友，但是真正重要的僅僅是那些產生80％價值的20％朋友，如果失去他們，毫無疑問，是人生的重大損失。一旦人們發現，彼此間的氣質互相吸引，就會立刻產生一見如故、相見恨晚的感覺，很快就越過鴻溝而成為好朋友。這種情形，對同性或異性都適用。但是，雙方就算再有好感，總歸還是有差異，因為彼此的生活環境、受過的教育都不同，人生觀和價值觀也不可能完全一樣。當兩人成為好朋友或情侶後，彼此的差異就會漸漸暴露出來，這時摩擦就不可避免了。雙方的態度從尊重、容忍演變成要求。如果沒有如願的話，背後的挑剔和批評也開始出現，最後的結果是結束友誼或愛情。

很有趣的是，好朋友之間的感情類似於夫妻間的感情，有時候造成誤會破裂的往往是一件小事。因此，對於那些能夠產生高價值的好朋友，應該保持一定的距離，以免太接近而產生摩擦，最後造成彼此的傷害。

有這樣一對好姐妹，她們是同學，又是同鄉，關係親密。她們相互取暖，樂在其中，不覺得孤獨，也不寂寞。身在異鄉為異客，又是合作無間的好友，她們卻不願住在同一屋簷下。有人問：「為什麼？」其中一人說：「好朋友得保持一點兒距離。」原來她們認為「距離產生美」。朋友，不是挨得近就好，離得遠

些更能芬芳持久。沉澱在彼此心裡的思念，藏得是溫柔的暖意，又似香醇的美酒，越品越濃郁。

怎樣才能保持距離？一句話，就是要避免整日膩在一起。也就是說，彼此間的心靈是貼近的，肉體卻應該保持距離。保持距離也就能保持禮貌，禮貌則是防止雙方產生摩擦的海綿。如果你認為保持關係不可缺少的條件是親密無間，那就大錯特錯了，最後可能會導致相反的結果。總而言之，為了要維持這些最重要的20％人際關係，彼此的友誼不間斷，應該謹記：好朋友也要保持距離。

當然，在現今工商業社會，每個人都很忙，如果過分保持距離，長久不聯繫，很容易就會疏遠，甚至遺忘。因此，好朋友之間應該隔段時間打打電話，聊一聊，了解一下對方的近況，偶爾見見面，吃吃飯。否則，當你需要這些朋友時，也許他已經不能提供任何幫助了。

二八法則告訴我們：愛情也需要距離。心理學家認為，戀人或夫妻之間經常小別，不但不會影響感情，反而會使感情昇華。別後的距離，牽出了相思線，捧出了醉人的「相思紅豆」。

婚姻是否幸福長久不在於過去多麼相愛，而在於雙方遇到矛盾衝突時處理得是否恰當，如果雙方都能善解人意，為對方考慮，就是原來不相愛的人也會相處融洽。雙方保持一定的距離，不要用顯微鏡去放大對方缺點，因為再美好的事物也能找到瑕疵。這個距離不能太遠，太遠沒法溝通，不能太近，太近又有壓力，恰當才是最好。

每個人遇到的問題都不一樣，處理家庭矛盾的能力也不同，完全看如何把握好距離的運用。因此，在婚姻長路上，用20％的相處時間來抒發80％離別之時的情感，一定能夠擁有幸福美好的家庭生活。

有趣的二八法則現象

透過二八法則，我們可以觀察到很多事情的結果。

★地球上大約有80％的資源是被20％的人消耗掉的。

★為公司貢獻80％收益的客戶，實際上只占所有客戶的20％。

★20％的員工為企業創造了80％的業績。

★80％的交通事故是被那些20％的違規駕駛者造成的。

★家裡的地毯有20％遭受了80％程度的磨損。

★所有衣服中的20％占據了全部生活時間的80％。

★電腦80％的故障是由20％的原因導致的。

★一生使用的80％之文句是用字典裡20％的字組成的。

★在考試中，20％的知識能為你帶來80％的分數。

★20％的朋友，占據了你80％與朋友見面的時間。

★20％的富人掌握著80％的財富，80％的窮人只剩下20％的財富可以分享。

★80％的人愛購物，20％的人愛投資。

★80％的人愛瞎想，20％的人有目標。

★80％的人賣時間，20％的人買時間。

★80％的人做事情，20％的人拚事業。

★80％的人不動筆，20％的人記筆記。

★80％的人愛生氣，20％的人愛爭氣。

★80％的人愛放棄，20％的人會堅持。

★80％的人狀態不好，20％的人狀態很好。

★80％的人在乎眼前，20％的人放眼長遠。

★80％的人錯失機會，20％的人把握機會。

★80％的人受人支配，20％的人支配別人。

★80％的人不整理資料，20％的人會整理資料。

★80％的人從答案中找問題，20％的人從問題中找答案。

★80％的人早上才想今天要做的事，20％的人計劃未來。

★80％的人不願改變環境，20％的人與成功者為伍。

★80％的人努力改變別人，20％的人努力改變自己。

★80％的人是負面思考者，20％的人是正面思考者。

★80％的人喜歡批評和謾罵，20％的人喜歡鼓勵和讚美。

★80％的人用脖子以下賺錢，20％的人用脖子以上賺錢。

★80％的人不願做簡單的事，20％的人簡單的事重複做。

★80％的人今天的事明天做，20％的人明天的事今天做。

★80％的人想找一份好工作，20％的人想找一個好員工。

★80％的人受以前失敗的影響，20％的人相信以後會成功。

★80％的人認為知識就是力量，20％的人認為行動才有結果。

★80％的人按自己的意願行事，20％的人按成功的經驗行事。

★80％的人受失敗的人的影響，20％的人受成功的人的影響。

★80％的人想，我要是有錢就怎麼去花；20％的人想，我要怎麼做才有錢花。

……

由此可見，二八法則無處不在、無時不有，它就像人的影子，潛伏在人們生活和工作的每個角落。

測驗 你會發財的指數有多高？

在現今社會中，幾乎每個人都想發財，那麼，你想在自己的一生中擁有多少財富呢？一棟房子、一輛車子，還是100萬呢？或是前面提的都要以倍數呈現？萬丈高樓平地起，過來人常說人生中第一個100萬比200萬要難存。第一個100萬將是通往未來的財富基石，那麼現在就來算算你的發財指數有多高吧。

如果你是個胖子，正在努力減肥，你的朋友卻想請你吃大餐，你覺得他的心態是什麼？

( )　A. 心疼你挨餓減肥太辛苦

( )　B. 逗你開心，希望你輕鬆面對

( )　C. 根本就是故意取笑你、看扁你

( )　D. 考驗你減肥的意志力夠不夠堅強

( )　E. 只是順便叫你吃飯，沒有什麼特別意思

答案解析

【選擇 A】
你缺乏打拚的動力，三年後的你，還是只有這麼多的錢。這類型的人比較安於現狀，能品味人生，在工作的挑選上要合乎自己的尊嚴或喜好。

【選擇 B】
你有愛打拚的個性，讓你有機會在三年後邁入億萬富翁的行列。這類型的人傻人有傻福，覺得努力打拚就好了，執著一樣事情的時候會非常用心，而且「吃苦當吃補」。

【選擇 C】

你的個性太愛享受，三年後的你會淪落到跟親友借錢度日。這類型的人孩子氣十足，認為自己開心就好，而且心腸很好耳根子很軟。

【選擇 D】

你是個潛力無窮的理財高手，三年後的你雖不會大富，卻也是個績優股。這類型的人學習能力很強，有較好的判斷分析能力，因此很有機會賺大錢。

【選擇 E】

你會默默地努力提升自己的專業能力，三年後可衣食無憂。這類型的人性格比較老實、單純，因此會認真做好自己分內的事情，雖然不會大富大貴，但會因為專業能力而賺了不少錢。

15 木桶定律

盛水的木桶是由許多塊木板拼成的，盛水量多寡也是由這些木板共同決定的。若是其中一塊木板很短，則此木桶的盛水量就被短板所限制，這塊短板就成了這個木桶盛水量的「限制因素」（或稱「短板效應」）。若要使此木桶盛水量增加，只有換掉短板或將短板加長。

定律摘要

眾所周知，木桶能裝多少水，並不取決於桶壁上最長那塊木板，而恰恰決定於最短的那塊，這就是人們常說的「木桶定律」。根據此一核心內容，木桶定律還有幾個推論：

★只有桶壁上的所有木板都夠高，才能盛滿水。

★只要這個木桶裡有一塊木板不夠高，水就不可能是滿的。

★比最短木板高的部分都是沒有意義的，高的越多浪費越大。

★要想提高木桶的容量，就應該設法加長最短木板的高度，這是唯一有效的方法。

我們可以把團隊比做木桶，團隊的人才就像長條木板一樣，組合起來就變成一個木桶。我們來假設一下，如果每一片長條木板的長度都是一樣，但是其中一片木板只有長條木板的一半長，

你覺得這個木桶可以裝多少水？就只有一半。為什麼呢？因為短的木板讓原本可以裝滿水的木桶，只剩下一半的水。是不是很可惜？而團隊如果有一個人是短木板，那他們的績效會好嗎？短木板就像一個人的缺點，不改善缺點，別人就會進攻這個要害。在競爭激烈的商業戰場上，誰掌握最多的人才，最多的強將悍兵，誰就能勝出。想成功的人都會盡其所能改善所有的缺點，再來發揮優點，這樣才能讓自己立於不敗之地。

在德國史詩小說《尼伯龍根之歌》中，有一位名叫齊格飛的屠龍英雄，他英勇無比，膽量過人，從不被邪惡勢力所威脅。有一次，在尋寶的路上，他遇到了一條身軀龐大、張牙舞爪的惡龍。齊格飛毫不畏懼，經過激烈搏鬥，殺死了這條尼伯龍根島上的惡龍，然後用龍血沐浴全身後，成了刀槍不入的金剛之身。可是因為當時他的背後黏了一片菩提葉，沒有沐浴到龍血，就成了身上唯一的致命之處。後來，敵人想盡一切辦法，從他的妻子葛琳詩那裡得到了這一祕密，在交戰中用長矛刺入齊格飛的致命之處，終於奪去了英雄的性命。

在希臘神話中，也有一位著名英雄──戰神阿喀琉斯（阿奇里斯）；他的母親是海神的女兒特提斯。傳說他出生後，母親白天用神酒搽他的身體，夜裡在神火中煆燒，並且提著他的腳跟把他浸泡在冥界的斯得克斯河中，使他獲得了刀槍不入之身。但是在河中浸泡時他的腳跟被母親握著，沒有被冥河水浸過，所以留下全身唯一可能致命的弱點。阿喀琉斯長大後，在特洛伊戰爭中屢建功勳，所向無敵。後來特洛伊王子帕里斯知道了阿喀琉斯這個弱點，就從遠處向他發射暗箭，而這一箭也正好射中阿喀琉斯的腳跟，讓他瞬間斃命。

以上兩位大英雄的死，都是緣於自身唯一的不足，而正是這一點成為導致悲劇的關鍵因素。這就是木桶定律帶來的效應。

不要成為木桶中最短的那塊木板

在工作團隊中，我們都應該找到一個屬於自己的平衡點，這樣才能發揮潛能，甚至激發整個團隊最大的潛能，而不至於成為那塊「最短的木板」，被當成團隊前進的阻力。因此，如果不想成為木桶中最短的木板，我們就需要努力提高自身的素質，尤其是一些必備且正確的觀念與價值。

1. 樹立正確的世界觀、人生觀、價值觀

正確的世界觀、人生觀、價值觀對於我們來說有著決定性的作用。社會和企業的發展靠人才，而一個優秀人才首先必須堅持正確的方向，擁有積極的世界觀、人生觀、價值觀。這些觀念指導和教育我們，在紛繁複雜的現實生活中保持清醒的頭腦，明辨是非，把握人生的原則，也才能面對各種境遇，不斷排除道路上的障礙，勇往直前。

上述觀念還是我們學習知識的動力。舉凡科學、人文、社會、經濟等知識，都需要有正確的學習目的、持久的學習精神、刻苦的學習毅力和有效的學習方法，才能在浩瀚宇宙裡增廣見聞，獲取新知。

2. 學法、知法、懂法、守法

俗話說，無規矩不成方圓。國有國法，家有家規。很多人不喜歡約束而嚮往自由，這是可理解的，但絕對的「自由」是不存在的。社會本來就是由法律、法令、規定、制度、規範等編織而成的一個大籠子，它罩住了每個人，你所要的自由，只能在這個限定的空間內去尋求，你如果想破壞些什麼，肯定得不償失。德國思想家歌德曾說：「一個人只要宣稱自己是受約束的，他就會感到自己是自由的。」法國法學家孟德斯鳩也有句名言：「自由是做法律所允許的一切事情之權力。」所以，我們要養成自我約

束的良好習慣，做一個學法、知法、懂法、守法的合格公民。

3. 努力做好該做的事

努力做好該做的事，是一個人基本素質的體現。每個人從懂得事理開始，父母長輩、親朋好友都會時刻叮嚀，什麼事該做，什麼事不該做，使我們都明白了做該做的事，能成就一個人；做不該做的事，能毀了一個人的道理。不違法亂紀，不違背道德、良心、原則等做事，是社會對人的最基本要求，也是做人的底線。一個人不能做大事，不能在工作中取得傑出的成就，我們可以說這個人是平凡人、普通人；一個人一旦做了不該做的事，無論他能力有多強、本領有多大，都會被唾棄、瞧不起。人的素質不僅表現在能夠正確判斷事情的對錯，更體現在對自我的節制和把握。一個做了不該做的事的人，不僅是對社會法律和道德的蔑視，對自身人格的踐踏，更是對自我素質的全面否定。

4. 提高自己的綜合素質

有人認為，素質是天生的，很難改變它，但不見得，素質是可以後天培養的。要想提高自身綜合素質，必須具備內、外兩個條件。內在條件，即個人的意志、毅力、決心等主觀特質；而外在條件，如外部環境、社會影響等。在平時要多參加一些體育鍛練，增強身體素質；努力學習新知，並積極投身於各種實踐，把學到的東西應用到實際中，以做到德、智、體全面發展。我國自古就有「皮之不存，毛將焉附」的說法，所以要提高自身的綜合素質，就必須把內因與外因緊密地結合起來。

找出個人的「短板」，補強弱點

如果把木桶比做個人，那麼木桶中的短板實際上代表我們的弱點。要想讓自己的人生更加完美，沒有缺憾，我們就必須補強

這些弱點。那該如何做呢？

1. 調適自我心態

每個人都有一套屬於自我的生活理念，有的人活得很快樂，有的人卻出奇的失望，歸根結柢都是心態的問題。那麼，我們應該怎麼調整負面心態呢？

★學會控制情緒，儘量往好處想。

★多關愛自己，才懂得去關愛他人。

★不論在任何情況下，切勿妄自菲薄。

★多和自己競爭，沒有必要嫉妒別人，也沒必要羨慕別人。很多人都在羨慕別人，而始終把自己當旁觀者，越是這樣，越是會讓自己喪失鬥志。

★學會讓自己安靜，把思維沉澱，慢慢降低對物質的慾望。常將自我歸零，每天都是新的起點，沒有年齡的限制，只要對物質的慾望適當降低一下，往往就會贏得更多的機會。

★遇到心情煩躁的時候，可以喝一杯白開水，放一曲舒緩的輕音樂，閉眼，回想身邊的人與事，慢慢地梳理一下，再思考未來。這既是一種休息，也是一種理智的思維模式。

★熱愛生命，珍惜身邊每一個人。

2. 改掉壞習慣

工作和生活中常有許多壞習慣，需要我們逐一改正。

★馬虎大意。工作的時候，應該這樣要求自己：能做到最好就不要做到差不多；如果經過努力有能力達到藝術家的水準，就不要甘心淪為一個平庸的畫匠。

★不能堅持到最後。許多離成功只有一步之遙的人，恰恰因為缺少最後跨入門檻的勇氣而功敗垂成。

★找藉口和託詞。那些認為自己缺乏機會的人，往往是在為失敗尋找藉口。成功者不善於也不需要編織任何藉口，因為他們

能為自己的行為和目標負責，也能享受努力的成果。

★吹毛求疵。人最大的缺點莫過於看不到自己的缺點，反而對別人吹毛求疵。如果我們能改變態度，少些指責，多些讚美，對自己對別人都是有好處的。

★眼高手低。儘管行動並不一定會帶來理想的結果，但不行動則一定不會有任何結果。

★消極被動。積極的心態是一塊強有力的磁石，如同花蜜吸引蜜蜂一樣，將他人吸引到自己身邊。如果你面對生活展現出燦爛陽光般的心態，那朋友和同事就會自然而然地聚集在你周圍。

3. 塑造良好的性格

★實踐中磨練性格。性格體現在行動中，也就是透過廣泛性的實際行動來塑造。

★正確分析自己的性格特徵。人貴有自知之明，對自己的性格特徵進行科學的分析與評價，才能不斷地學習與磨練，培養良好的性格。分析的過程，是一個深化自我認識的方法，是性格不斷完善與發展的重要環節。

★確立積極向上的人生觀。人的性格最後還是要受到人生觀的制約與調節。一個人有了堅定的人生目標與生活信念，性格就會自然受到熏陶，表現出樂觀、坦蕩、自信等良好的特徵。反之，如果失去了目標和勇氣，性格也會變得孤僻和古怪。

★重視環境對性格的影響。群體生活具有一種類化作用，對人的性格會有深刻影響。因此在正確思想的指導下，形成良好的群體風格，有助於人未來性格的形成與發展，也可加速強化與改造。所以說，群體是環境中最重要的載體，需要特別加強建設。

4. 跨越心理障礙

世界上沒有十全十美的人，每個人都有心理障礙，該如何挑戰與跨越？那就需要經過人生的歷練和學習，不斷遭遇挫折的

打擊,坦然接受某些事實,然後撫平傷口重新再出發。如果沒有辦法接受挫折,當然就沒有辦法克服心理障礙和情緒低潮。這時要改變自己的心境,將挫折當成人生必需的調味料,就容易轉個彎,不為心理障礙和情緒低潮所困。

木桶定律與團隊精神

　　木桶定律給了我們很多啟示,比如說決定企業團隊戰鬥力強弱的,不是那個能力最強、表現最好的人,而恰恰是那個能力最弱、表現最差的落後者。因為,最短的木板對最長的木板起了限制作用,這影響了整個團隊的實力。也就是說,要想方設法讓短板達到長板的高度或者讓所有板子維持「足夠高」的相等高度,才能完全發揮團隊作用,充分體現團隊精神。

　　那什麼是團隊精神呢?簡單來說就是大局意識、協作精神和服務力量的集中展現。團隊精神的基礎是尊重個人的興趣和成就,核心是協同合作,最高境界是全體成員的向心力、凝聚力,反映的是個人利益和整體利益的統一,並進而保證組織的高效率運轉。團隊精神的形成並不要求成員犧牲自我,相反地,揮灑個性、表現特長更能保證成員共同完成任務目標,而明確的協作意願和合作方式則會產生真正的內心動力。團隊精神是組織文化的一部分,良好的管理可以透過合適的組織形態將每個人安排至最適當的職位,充分發揮集體的潛能。如果沒有正確的管理模式、從業心態和奉獻觀念,就不會有團隊精神。

　　另外,團隊精神與集體意識有著微妙的區別;團隊精神比集體意識更強調個人的主動性,而集體意識則強調共性大於個性。誠信、創新是內在的、自律的,不可能在強制的條件下發揮出來,而必須以個人自由、獨立為前提下合作的人們才可能形成一個團隊。

　　由木桶定律我們可以看出,團隊精神的基礎是尊重個人的興

趣和成就，也就是說，每一塊「短板」都是集體的一部分。因此，團隊精神必須要有一個良好的形式載體，和制度體系來維護與鞏固。比如球隊的紀律性和嚴肅性就是賽場上發揮團隊精神的有力保障。

事實上，木桶的最終儲水量，還取決於木桶的使用狀態和相互配合，這當然也是團隊精神的體現。每個木桶總會有最短的一塊板，不過，在特定的使用狀態下，透過相互配合，可增加一定的儲水量，如有意識地把木桶向長板方向傾斜，其儲水量就比正立時多一些；或為了暫時提升儲水量，可以將長板截下補到短板處。木桶的長久儲水量，也取決於各木板配合的緊密性；每一塊木板都有其特定的位置和順序，要充分銜接，沒有空隙。如果彼此間配合的不好，出現縫洞，最終就會導致漏水。

因此，一個團隊如果不能做好互相的補位和銜接，最終戰力也無法提高。就如同單個木板再長也沒用，這樣的組合只能說是一堆木板，而不是一個完整的木桶。

最後，木桶定律體現出的團隊精神告訴我們：小溪只能泛起美麗的水花，它甚至顛覆不了我們兒時紙疊的小船。海納百川而不嫌其細流，才能驚濤拍岸，捲起千堆雪，形成波濤洶湧的壯觀和摧枯拉朽的神奇。個人與團體的關係就如小溪與大海，只有當無數個人的力量凝聚在一起時，才能確立海一樣的目標，敞開海一樣的胸懷，迸發出海一樣的力量。因此，個人的追求只有與團隊的發展緊密結合，並樹立同舟共濟的信念，才能得到真正的成長。

測驗 你擅於溝通嗎？

如果你和同事之間有不同意見時，你會怎樣？

( )　A. 堅持己見

( )　B. 請第三者來評理

( )　C. 希望再和對方多溝通溝通

( )　D. 不想跟對方爭，即使自己是對的，也不去堅持

答案解析

【選擇 A】

你是一個很有主見、很自負的人。但是可能對自己太有信心了，要小心成為主觀、極度自我、不為他人設想的自大狂。要知道與他人共事，最重要的是彼此的同心協力，這種團隊精神是促進人際關係的催化劑。因為，工作是需要大家的力量合作才能完成的，如果只有你說了算，那就根本談不上團隊了。所以，自信可能是你成功的條件和本錢，但也很可能是致命傷。有時還是需要耐下心來，多聽聽別人的意見，就算堅持己見，也要透過溝通讓人心服口服。

【選擇 B】

以第三者的角度來評斷，可以說是比較客觀、不涉及個人主觀意識的好方法，而且還可以避免對立的兩方直接面對面地對抗。如果你選擇這種方式來說服對方，表明你是一個有智慧而且很有度量的人，因為你淡化個人主觀意識，這種做法不僅有利於團體行動，還會相對地提升你的公信力，也使你不會捲入到一些無聊的是非中。

【選擇 C】

這種溝通觀念,說明你具備團隊合作精神,你的人際關係也會因此合群態度而拓展順利。不過,溝通雖然是好事,但絕不是為了打好人際關係而去溝通,因為這樣會給人虛偽、愛表現、底子空洞的感覺。更不要因為要討好同事而捨棄自己原本的觀點,如此一來,你的主見和個性就會蕩然無存,這樣的你勢必會埋沒在團體之中,成為一個不受尊重的透明人。

【選擇 D】

這種放棄主見和權益的做法,會讓人家覺得你根本不重視這個工作,也不尊重團體中的參與。你的本意也許是不想和別人形成對立的衝突狀態,而你本身又不善於處理這種敵對關係,所以選擇退讓來逃避。事實上,為保持良好的人際關係而做出的讓步,非但不會達到預期的效果,相反還會因此得罪許多人。

16 多米諾骨牌效應

> 　　有些可預見的事情最終出現要經歷一或兩個世紀的漫長時間，但它的變化已經從我們沒有注意到的地方開始了。在一個相互聯繫的系統中，一個很小的初始能量就可能產生一連串的連鎖反應，這就是多米諾骨牌效應。

效應精解

　　第一棵樹的砍伐，最後導致了森林的消失；一日的荒廢，可能是一生荒廢的開始；第一場強權戰爭的出現，可能是使整個世界文明化為灰燼的力量。這些預言或許有些危言聳聽，但是在未來我們可能不得不承認它們的準確性，我們唯一難以預見的是從第一塊骨牌到最後一塊骨牌的傳遞過程會有多久。

　　要想知道什麼是多米諾骨牌效應，首先就要了解一下什麼是多米諾骨牌及其由來，這要從中國的宋朝開始說起。宋宣宗二年（西元一一二〇年），民間出現了一種名叫「骨牌」的遊戲。這種遊戲在宋高宗時傳入宮中，隨後迅速在全國盛行。當時的骨牌多由牙骨製成，所以又有「牙牌」之稱，民間則稱之為「牌九」。　一八四九年八月十六日，一位名叫多米諾的義大利傳教士把這種骨牌帶回了米蘭，作為最珍貴的禮物送給了他的小女兒。多米諾為了讓更多的人喜歡這個遊戲，製作了大量的木製骨

牌，並發明了各種玩法。不久，骨牌遊戲就迅速地在義大利及整個歐洲傳播開來，成了歐洲人的一項高雅運動。後來，人們為了感謝多米諾給他們帶來這麼好的一項運動，就把這種骨牌遊戲命名為「多米諾」。到了二十世紀，多米諾已經發展成世界性的運動。在非奧運項目中，它是知名度最高、參加人數最多、擴展地域最廣的體育活動。從那以後，「多米諾」成為了一種流行用語。不論是在政治、軍事還是商業領域中，只要產生一倒百倒的連鎖反應，人們就將之稱為多米諾骨牌效應或多米諾現象。

中國古代的一個故事可以解釋什麼是多米諾骨牌效應。楚國有個邊境城邑叫卑梁，那裡的姑娘和吳國邊境城邑的姑娘同在田裡採桑葉。她們在遊戲時，吳國姑娘不小心踩傷了卑梁姑娘。卑梁人帶著受傷的姑娘去責備相關的吳國人。吳國人出言不遜，卑梁人十分惱火，殺死吳人走了。接著，吳國人去卑梁報復，把那個卑梁人全家都殺了。卑梁的城邑大夫大怒，說：「吳國人怎麼可以濫殺我的子民？」於是發兵反擊吳人，把當地的吳人老幼全都殺死了。吳王夷昧聽到這件事後很生氣，派人領兵入侵楚國的邊境城邑，攻占掠奪一番才離去。兩國因此發生了大規模的衝突。吳國公子光又率領軍隊在雞父和楚國人交戰，大敗楚軍，俘獲了楚軍主帥等人，接著又攻打郢都，俘虜了楚平王的夫人回國。從玩遊戲踩傷腳，到兩國爆發大規模的戰爭，一直到吳軍攻入郢都，中間一連串的演變過程，似乎有一種無形的力量把事件一步步推向不可收拾的境地。這種現象就是多米諾骨牌效應。

二〇〇〇年十二月三十一日，一項結合中國、日本和韓國六十二名青年學生所創造的多米諾骨牌新金式世界紀錄，在北京頤和園體育健康城綜合館和網球館誕生了。他們成功地推倒三百四十萬張骨牌，一舉打破之前由荷蘭人保持的兩百九十七萬張的紀錄。從電視畫面可看出，骨牌瞬間依次倒下的場面甚為壯觀，其中顯示的圖案豐富多彩，而且更令人驚嘆的是，蘊藏有一定的科學道理。這個道理就是我們所說的多米諾骨牌效應。

這種效應的物理解釋是：骨牌豎著時，重心較高，倒下時重心下降，倒下過程中，將其重力勢能轉化為動能；第一張牌倒在第二張牌上，這個動能就轉移到第二張牌上，第二張牌再將自己倒下過程中的動能結合第一張牌的動能，傳到第三張牌上……所以每張牌倒下的時候，具有的動能都比前一張牌大，因此它們的速度一個比一個快，也就是說，它們依次推倒的能量一個比一個大。多米諾骨牌效應告訴我們：一個很微小的力量能夠引起的或許只是察覺不到的漸變，但是它後續所引發的卻可能是翻天覆地的變化。

禍患常積於忽微

根據多米諾骨牌效應的理論，大不列顛哥倫比亞大學物理學家Ａ‧懷特海德做了這樣一個實驗。他曾經製作了一組骨牌，共十三張。第一張最小，長九點五三公釐，寬四點七六公釐，厚一點一九公釐， 還不如小指指甲大。以後每張體積擴大一點五倍，這個數字是按照一張骨牌倒下時能推倒一張一點五倍體積的骨牌而選定的。最大的第十三張長六十一公釐，寬三十點五公釐，厚七點六公釐，牌面大小接近撲克牌，厚度相當於撲克牌的二十倍。把這套骨牌按適當間距排好，輕輕推倒第一張，必然會波及到第十三張。第十三張骨牌倒下時釋放的能量比第一張牌倒下時整整要擴大二十多億倍，因為多米諾骨牌效應的能量是按幾何級數形式增長的。若推倒第一張骨牌要用〇點〇二四微焦耳，那倒下的第十三張骨牌釋放之能量就達到五十一焦耳，可見多米諾骨牌效應產生的能量的確令人瞠目結舌。不過Ａ‧懷特海德畢竟沒有製作第三十二張骨牌，因為它將高達四百一十五公尺，兩倍於紐約帝國大廈。如果真有人製作了這樣一套骨牌，那摩天大廈就會在一指之力下被轟然推倒。

這個實驗告訴我們，如果不注意平時微小的錯誤，而讓它們

日積月累的話，這些錯誤就會像多米諾骨牌效應一樣發展擴大成嚴重的連環錯誤，後果將是非常可怕的。

北宋歐陽修在《伶官傳序》中有一句話：禍患常積於忽微。意思就是說，災禍常常是從細微的小事逐漸累積起來的，這句話的關鍵在於一個「積」字。因為一些細小的過失不易被人所察覺，也沒引起重視，任其發展，終成禍害；人們對一些小節之過，常採取司空見慣、視而不見的態度，沒有做到防微杜漸，最後導致了惡果的發生。

很久以前，有一戶富有人家，他們有個不好的習慣就是浪費成性——每天都將上好的、吃不完的米飯倒進陰溝裡。他家後面有一座寺廟，廟裡的老和尚日日收集陰溝裡的白米飯，洗淨後在太陽下曬乾收藏起來。後來，這個富翁家族終因一幫敗家子致使家道中落，千金散盡，乞討為生。老和尚拿出白米飯周濟他們，他們千恩萬謝。老和尚說：「這米飯本來就是你們的呀，只是你們不知道珍惜，就變成我的了。你們以前浪費的實在太多了，沒意識到這種行為會造成的後果，千萬記住，禍患常積於忽微啊！」

有一家大型企業招聘總經理助理，待遇非常豐厚。應聘者皆是一些高學歷的年輕人，經過重重考試，只有一個年輕人順利到達最後一關——總經理面試。年輕人興奮地在辦公室等待總經理的召見，但祕書進來說：「總經理臨時有點急事，請你等他十分鐘。」祕書走後，辦公室裡只剩下這個年輕人。他立刻繞著總經理那張豪華的辦公桌，東翻翻、西看看，還偷看了總經理的一份文件。十幾分鐘後，總經理回來了，他宣布：「面試結束，很遺憾，你沒有被錄取。」

年輕人一臉疑惑，抗議道：「面試還沒開始呢！」總經理說：「剛才我不在時你的表現，就是面試。本公司不能錄取隨便翻閱別人文件的人。」

其實，這個年輕人各方面都很出色，只是有一些不好的習

慣，父母、老師和朋友曾多次提醒過他，要他改正這些小毛病，但他卻不以為意。在他看來這些不經意的行為不會給他帶來什麼麻煩。然而，也正是這些小動作導致他丟掉了一份人人羨慕的好工作。

能否避免「禍患常積於忽微」，則取決於自己對「忽微」的態度。假如一個人對自己的不良習慣或小小過失不去注意，長此以往必然導致像多米諾骨牌效應一樣的情況發生。所謂的「冰凍三尺，非一日之寒」說的也是這個道理。

多米諾骨牌與團隊精神

多米諾骨牌是一種用木製、骨製或塑膠製成的長方體。玩時將骨牌按一定間距排列成行，輕輕碰倒第一枚骨牌，其餘的就會產生連鎖反應，依次倒下。這種遊戲是一項能鍛練人的創造能力、專注精神以及增強自信心的娛樂活動，而且不受時間、地點的限制，對開發參與者的智力和想像力，訓練參與者雙手協調、思維方式都非常有好處，更重要的是，它能夠培養參與者的合作默契，最大限度地發揚團隊精神。

目前，作為一項新興體育活動的多米諾骨牌遊戲，在培養團隊精神方面更為有效。這項活動老少咸宜，強度可大可小，又在室內完成，無任何風險，但壓力並不小，它要求全體參與人員的心理素質絕對要保持一致。具體而言，分工協作，互相幫助，每個部門均有任務，自己的區域在限定時間內要擺放成功，同時還要與相鄰區域的同伴協調好，不僅不能碰倒別人的骨牌，最終還要把大家的牌連在一起，形成一個整體。擺放骨牌時不小心碰倒的事件時有所聞，讓人哭笑不得，重來是唯一出路。有的部門完成得快，還有體力可以幫忙其他隊友，從而就形成一種互相支援、同心協力的團隊精神。對於企業來說，團隊精神的培養是公司內最重要的管理要求，擁有一個合作無間的團隊，是戰勝困

難、打贏硬仗的保證。惠普公司曾希望創造一千五百萬枚多米諾骨牌擺放的世界之最，其目的也在於培養員工的團隊精神。

下面有一些關於多米諾骨牌的記錄，每一條都可以成為鼓舞團隊精神的實證：

★就在千禧年鐘聲敲響的時候，中日兩國的學生經過長時間的精心設計和準備，成功推倒了兩百七十五萬枚骨牌，打破了一九九九年十月荷蘭人創造的兩百四十七萬枚之世界記錄。這是兩國青年團結合作的體現，也是智慧與藝術的勝利。

★二○○○年十二月三十一日，中日韓三國學生在北京又以三百四十萬張骨牌刷新世界紀錄。

★二○○二年，外號「多米諾小子」的羅賓和他的八十九人團隊，以三八四七二九五張骨牌，締造新的世界紀錄。他們還特別邀請「新好男孩」（Backstreet Boys）成員中二十二歲的歌手尼克·卡特來推倒第一塊骨牌。

★二○○三年八月十八日，在新加坡展覽館，來自中國的馬立華小姐擺放了三○三六二八張骨牌，最終成功推倒了三○三六二一張，打破了一九八四年德國所創下的個人二八一五八一張骨牌的金氏紀錄。

★二○○三年九月十二日，在中國湖南長沙，一○三五○名志願者以骨牌方式往後仰坐，創下世界上最長的人體多米諾、最長的人體長龍、最長的廣告、參與人數最多的行為藝術等四項世界紀錄，刷新在新加坡海灘創造的九二三四人人體多米諾。

★二○○五年十一月十九日，以荷蘭人魏傑斯為首的十二個國家八十多位多米諾玩家，成功地擺放了四一五五四七六張骨牌，創造了新的金氏紀錄，以多米諾文化節的形式，展現歐洲人的浪漫和創意，為荷蘭以及整個歐洲贏得了美譽。

★二○○八年十一月十五日，前芬蘭小姐在空中倒懸，推倒第一張骨牌，創下了四百三十萬張的新紀錄。這個小組的成員來自十三個國家，總共有八十五人。

走好人生第一步

　　許多年前，一個剛從大學畢業的年輕小姐，應聘到東京帝國酒店擔任服務人員。這是她踏入社會的第一份工作，也就是說她將在這裡正式步入職場，邁出她人生的第一步。因此，她很激動，暗自下定決心：一定要好好表現！然而想不到的是，上司竟然安排她沖洗廁所，而且規定，每天必須把廁所洗得光潔如新。這讓她陷入了困惑、苦惱之中：到底要繼續幹下去，還是另謀高就？她不甘心憧憬的夢想，就被這馬桶裡的水一沖而淨。

　　就在此時，酒店裡的一位前輩及時出現在她面前，幫她擺脫了困惑、苦惱，助她邁開人生的第一步。這位前輩沒有用空洞的長篇大論來說教，只是親自做了示範給她看。首先，他一遍一遍地抹洗著馬桶，直到光潔如新。然後，他從馬桶裡盛了一杯水一飲而盡，竟然毫不勉強！實際行動勝過千言萬語，他不用一言一語就告訴了她一個極為樸素、簡單的道理：光潔如新，重點在於「新」，新則不髒。只有馬桶中的水達到可以喝的程度，才算是把馬桶清潔得乾乾淨淨，而這一點已被證明可以辦得到。她目瞪口呆，熱淚盈眶，恍然大悟，如夢初醒。後痛下決心：就算這一生都在洗廁所，也要做一名洗廁所達人。

　　從此，她成為一個有全新思維、振奮努力的人，工作質量也達到了這位前輩的高水準，當然她也多次喝過馬桶裡的水──為了檢驗自己的信心，為了證實自己的工作能力，也為了強化自己的敬業態度；走好了人生第一步後，她踏上邁向成功之路，幾十年的光陰瞬間而過，她成了日本政府的主要官員──前郵政大臣野田聖子。

　　人的一生，是有很多第一次的。它們有的很有意義，值得紀念，如第一次考試、　第一次受表揚等；也有的是「泥坑」，墮落的開始，像第一次偷竊、第一次賭博等。而且，分清第一次的是與非，並不需要什麼高深知識，只在於自己的良知。任何一個

有良知的人，上要對得起關愛他的師長親友，下要對得起自己，就應該慎重走好自己的第一步。那麼，在現實生活中，我們應該如何邁出第一步走向社會呢？

首先，我們要有一個良好的心理狀態。由於學習和環境的影響，某些人心理發育不夠成熟，其思維或思想往往超前或滯後於社會的發展。他們在社會中，常表現出心理脆弱，缺乏自信，應變能力差，待人處世過於「自尊」，往往以「未來的希望」或「天之驕子」自居；在個性特徵上，易出現情緒波動，忽冷忽熱，而在今天科技日新月異、社會高度競爭的環境裡，對於人才的要求又高於他們現有的心理素質，以致他們適應不良，常被邊緣化。所以，一個人除了正常的工作學習以外，還應當參與、接觸、了解社會，最終讓自己達到心智成熟的階段。

其次，要建立正確的社會價值關，知己知彼。只有對自己和他人有一個客觀、全面的認識，才能確立自己在現實生活的位置。如果一個人只是單純地對社會提出較高要求，只看到自己的價值，而不了解社會的需要以及自身與社會的差距，那麼必將被淘汰。其實，社會舞台很大，任何一種職業都有發揮自己才能的可能。只要擁有正確的人生觀和職場態度，從社會整體利益出發，到社會最需要的地方去，就能實現自身價值，獲得好的社會評價，從而走好人生的第一步。

測驗　你的創業之路將會如何？

你生日那天，最想收到什麼禮物？

( )　A. 一本好書　　　　( )　B. 一座豪宅

( )　C. 一輛豪華轎車　　( )　D. 一大束鮮花

( )　E. 以上皆非

答案解析

【選擇 A】你沉著穩重，有勇有謀

創業中的你能夠將問題具體分析，面對風險會思慮再三，直到穩妥後才會投資。你善於接受新事物，但有時不能把握住最好的時機。

【選擇 B】你是志向遠大的人

能不畏創業路上的艱辛，點點滴滴耕耘自己的事業，面對成敗能屈能伸。你具有超強的凝聚力，能使員工與你同舟共濟，開創未來。

【選擇 C】你是較前衛，個性鮮明的人

你較前衛，個性鮮明，有主見，是創業路上的主要核心動力。透過努力能打拚出一條成功之路，但過度的自我意識往往會造成合夥者不滿，建議單獨創業為佳。

【選擇 D】你是樂觀、積極、充滿活力的人

創業的辛酸不會使你頹唐，雖然沒有十足的信心卻能激勵合夥人前行，你不適合獨立創業。

【選擇 E】你是開拓性較強，很不錯的務實者

能獨闢蹊徑，搶占市場先機，但路上也布滿荊棘；遇到挫折千萬不要灰心，只要堅持下去，終會成功。

17 鯰魚效應

　　一種動物，如果沒有對手，就會變得死氣沉沉；一個人，如果沒有危機感，就會甘於平庸，最終碌碌無為。一條鯰魚，能讓奄奄一息的沙丁魚生機蓬勃；一個不安分的想法，能讓一個人充滿激情……

效應精解

　　挪威人愛吃沙丁魚，他們在海上捕獲後，如果能讓牠們活著回港，賣價就會比死魚高好幾倍。但是，由於沙丁魚生性懶惰，不愛運動，返航的路途又很長，因此捕撈到的沙丁魚往往一上岸就死了，即使有活的，也是奄奄一息。只有一位漁民的沙丁魚老是活蹦亂跳，所以他賺的錢總比別人多。該漁民嚴守成功祕密，直到他死後，打開他的魚槽，才發現只不過是多了一條鯰魚。原來鯰魚被裝入魚槽後，由於環境陌生，就會四處游動，而沙丁魚發現有異類在旁，也會緊張起來，加速游離逃生，如此一來，大部分沙丁魚便能活著回到港口。這就是所謂的鯰魚效應。

　　鯰魚效應即是採取一種手段或措施，刺激一些企業活躍起來投入市場去積極參與競爭，從而啟動市場其他相關行業。其實質是一種負激勵，是挑起員工危機意識之奧祕。鯰魚身為一種生性好動的魚類，並沒有什麼十分特別的地方。然而自從有漁夫將牠用做保證長途運輸沙丁魚成活口的工具後，牠的作用便日益受到

171

重視。沙丁魚生性喜歡靜謐，追求平穩，對面臨的危險沒有清楚的認識，只是一味安逸於現有的生活。漁夫聰明地運用鯰魚好動的個性來維持沙丁魚的警覺，在這過程中他獲得了最大的利益。

動物如果沒有外界的刺激，就會變得死氣沉沉。同樣的，人如果沒有對手，就會甘於平庸，養成惰性，最終導致庸碌無為。在中國，兩千多年前，一些養馬的人就深諳鯰魚效應的智慧，他們在馬廄中養猴以避馬瘟。原理是什麼呢？據有關專家分析，因為猴子天性好動，這樣可以使一些神經質的馬得到一定的訓練，從易驚易怒的狀態中解脫出來，對突然出現的人或物以及聲響等不再驚慌失措。馬是可以站著消化和睡覺的，只有在疲憊、體力不支或生病時才倒臥休息。在馬廄中養猴，可以使馬經常站立而不倒臥，這樣能提高馬對血吸蟲病的抵抗能力。在馬廄中養猴，以「辟惡，消百病」，這隻猴子就是「弼（避）馬瘟」。牠的作用就相當於魚槽裡的鯰魚。

美國奇異公司前總裁傑克・威爾許曾說過，商學院的學生什麼都可以不用學，但是要學會對下屬的績效考核。他最重要的管理手段就是Ａ、Ｂ、Ｃ的人力末端淘汰制。也就是說，獎勵前面有效率的20％（Ａ群）員工，有目標地鼓舞中間70％（Ｂ群）的人向前邁進 ，淘汰後面10％（Ｃ群）效率不佳的落後者。我們都知道，團隊合作是整個企業成敗的關鍵，因它反映出企業的整體效率，就如同趕一群鴨子，如果我們走在後面，則整體的進度就是最後一隻鴨子的速度；如果我們趕了前面幾隻鴨子，而把後面幾隻走不快的淘汰，則整體的效率就是前面走得快的效率了。同樣，一間公司如果人員長期穩定，就會缺少新鮮感和活力，產生惰性。於是聰明的管理者就請來一條「鯰魚」，讓他擔任部門的新主管，公司上下的「沙丁魚」們立刻產生了緊張感。「你看新主管工作速度多快啊！」「我們也加緊動作吧，不然會被炒魷魚了。」這就是鯰魚效應，整個公司的工作效率不斷提高，企業整體的競爭力也隨之上揚。

危機時刻和危機感能激發潛能

　　鯰魚效應告訴我們，在沙丁魚群中放入一條鯰魚的話，沙丁魚就會因危機意識而異常活躍。其實人也一樣，當危機感來臨或是處在危急之中時，就能夠激發出自己的潛能，做出平時做不到的事情，這看起來是有些不可思議的。

　　在一座穀倉前面，一位農民注視著一輛輕型客貨兩用卡車快速地開過他的農田。駕駛者是這位農夫的兒子。他的年紀還小，不夠資格考駕照，但對駕駛汽車很著迷，很想自己動手開一下。因此，農夫就准許兒子在自家的田裡開動這輛客貨兩用車，但不准他把車開到公路上。農夫以為這樣是安全的，事實上他錯了。

　　突然間，農夫看見車翻到水溝裡去了！他嚇了一跳，飛快地跑到出事地點。他看到溝裡有水，兒子被壓在車子下面，只有一部分頭露出水面，情況很危急。農夫毫不猶豫地跳進水溝，把雙手伸到車下，竟然把車子抬了起來，讓另一位趕來救援的人把失去知覺的孩子從下面拽了出來。

　　孩子被救出後，很快送至醫院，醫生檢查發現，他只受了一點皮肉傷，這個幸運的孩子只需要簡單地包紮一下就可以了。

　　直到此時，趕來幫忙的人才覺得很奇怪——他的身材矮小，怎麼能把這麼重的車抬起來呢？農夫一想，是啊，自己哪來的力氣呢？出於好奇，他又試了一次，結果根本就抬不動那輛車子。醫生解釋說，身體機能在緊急狀況下產生反應時，腎上腺就會大量分泌出激素，進而傳向整個身體，引爆出超能量。

　　被尊為「控制論之父」的維納認為，每個人身上都蘊藏著巨大的潛能，這些潛能一旦被釋放出來，我們能做的比想到的要多得多。人儲藏在大腦的潛能是非常巨大的，即使是有輝煌成就的人，他所利用的潛能也還不到百億分之一。人們可以透過外因刺激來誘發能量的釋放，這是一種本能反應，而且這種本能啟動帶有一種競技遊戲的效果。就像在沙丁魚世界裡放入一條鯰魚一

樣，會產生難以形容的意外效果。

在動物世界中，老鷹是所有鳥類中最強壯的一族，根據動物學家所做的研究，這可能與老鷹的餵食習慣有關。母鷹一次生下四五隻小鷹，由於牠們的巢穴很高，所以獵捕回來的食物一次只能餵食一隻小鷹，而母鷹的餵食方式並不是依據平等的原則，而是哪一隻小鷹先搶到就先吃，在此情況下，瘦弱的小鷹就會拚命搶食，否則會餓死。因此活下來的小鷹一代比一代更強壯。競爭的危機意識激發了老鷹追求生存的潛能，牠們用優勝劣汰的方式讓自己的種族成為鳥類中最強大的一支。

人類也是如此。現在的競爭愈來愈激烈，每個人都害怕被淘汰，這種危機感也就是一條「鯰魚」，能夠喚起人的鬥志，激發人的潛能。所以，當危機來臨的時候，千萬不要害怕，勇敢地向前迎擊，往往會創造出奇蹟。

在生活中放入一條「鯰魚」

鯰魚效應提醒我們，生活不要太安逸。努力將自己的床墊得薄一點，棉被輕一點，早晨時就不會留戀溫暖舒服的床舖。過得太舒服會讓人生惰，喪失激情和鬥志。特別是年輕的時候，如有貧窮或困苦的磨練，就會變得更加睿智和深邃。社會上大多數人是懶惰的，都儘可能逃避競爭，沒有雄心壯志和負責精神，缺乏理性，不能自律，容易受他人影響，願意接受別人的領導和指揮，就算有一部分人擁有宏大的理想，也提不起執行的勇氣。

這一方面是人性，由於每個人都追求安逸舒適的生活，貪圖享受在所難免。另一方面是所處環境太過平和，難免閉目塞聽，思想僵化。而進入一個充滿競爭的環境時，有競爭者加入會打破舊有的氛圍，人們立刻就警覺起來，懶惰的習慣也會隨著環境的改變而受到節制。人潛藏的能力和幹勁因此激發出來，就能開創新局面，做出新成績。所以，給自己生活中放入一條「鯰魚」來

刺激、督促是很有必要的。

　　也有心理學家運用鯰魚效應建議我們，只有自己本身的努力成果才會真正令我們滿足，因此要常給生活創造一些新鮮的刺激，來煥發沉睡的激情。該如何去做？專家們提出了以下建議：

1. 運動

　　運動可以排除體內的老舊廢物，讓我們神清氣爽，活力十足。此外，更可以強身健體。

2. 組織一次童樂會

　　和童年玩伴一同回憶過去經歷的年少輕狂、青澀歲月，久違的激情一定又會重新回到身邊。

3. 表現童真

　　小孩對於生命總是充滿赤裸裸的興奮和好奇，他們毫不掩飾地大笑大叫，強烈地表達心中的慾望和感受，而這正是成人所缺少的，如果能夠盡情地釋放真我，那種感覺會莫名難忘。

4 .吃巧克力

　　法國國家科學研究中心的研究結果表明，巧克力能振奮情緒，幫助人體產生兩種使人心情愉快的荷爾蒙。

5. 嘗試一次極限遊戲

　　心理學家確信，身體受到刺激後產生的化學物質和性愛產生的化學物質一樣，而且人體對恐懼的反應與受到性慾刺激是一樣的，脈搏會加速，會聲嘶力竭地吼叫。當你征服恐懼、享受這種刺激時，已消失的激情會再現，讓沉悶的生活重新流入活水。

　　同樣地，在企業管理中，要組織建構競爭型團隊，就必須有意識地製造建設性衝突，透過對企業內部資源的爭奪成就「鯰魚

隊伍」。一家發展迅速的小型軟體公司之管理者說：「公司要得到發展，就必須保證沒有人在這裡感到安閒舒適。」公司支援所有的團隊互相競爭內部資源和外部市場，透過彼此之間的有序競爭，激發員工勇於面對經費壓力、人力資源壓力、發展壓力，其結果是使得公司團隊始終處於鬥志高昂的備戰狀態。因此，對於一個組織來說，鯰魚效應說明了人員流動的必要性和重要性。一個單位如果都是老面孔，就少了新鮮感和活力，容易產生惰性。加進一些「鯰魚」（新成員）中途介入，製造一種緊張氣氛，有助於激發群體成員的競爭意識，從而提高工作效率。這符合人才管理的規律，能夠使組織變得生氣蓬勃。可以說，任何單位組織都需要幾條「鯰魚」。

鯰魚效應的應用

鯰魚效應已普遍應用在生活周遭的方方面面，以下簡單舉例說明。

1. 企業管理中的鯰魚效應

鯰魚效應對於漁夫來說，在於激勵手段的應用。漁夫放進鯰魚來促使沙丁魚不斷游動保持活力，以此來獲得最大利益。在企業管理中，領導者要實現目標，提振士氣，同樣需要引入「鯰魚型」人才，以此來改變企業相對一潭死水的狀況。

鯰魚效應的根本就是一個管理方法的問題，而應用鯰魚效應的關鍵就在於如何活用鯰魚型人才。由於這種人才的特殊性，管理者不可能用對待其他員工相同的方式來管理。因此，鯰魚效應迫使管理者必須自我成長，不僅要進修管理新知，而且還要求他們在自身素質和修養方面有一番作為，這樣才能夠讓鯰魚型人才心服口服，也才能保證組織目標得以實現。那麼，我們該如何正確看待鯰魚效應呢？

★鯰魚效應對「鯰魚」來說，重點在自我實現。鯰魚型人才雖是企業管理所必需，但前提是有需要時才會出現，並非一開始就有。所以對這類人來說，自我實現始終是最根本的。

★鯰魚效應對「沙丁魚」來說，在於提高憂患意識。沙丁魚型員工一味地只想穩定不求作為，在現實的生存狀況下已很難被允許。一旦有新的變革發生，如不立刻調整步伐，馬上會被洪流吞沒；受到刺激就應該活躍起來，積極尋找新的出路，這樣才不會成為淘汰郎。

2. 情感生活中的鯰魚效應

在情感生活中，同樣也可以運用鯰魚效應。我們知道，當安靜的沙丁魚中出現一條鯰魚的時候，牠們會因恐懼而奮起應對，反將潛力激發出來，因此能活得更積極，更好。同樣的道理，假設婚姻中出現了「第三者」，我們不妨將之當做一條突然到訪的「鯰魚」，正確適當地與之周旋，也許我們所提升的就不僅僅是愛人之間的親密度了。

婚後的生活往往平淡無奇，不會有什麼驚天動地的大事，這時我們很少會想些什麼來改善或修補這種所謂「老夫老妻」的狀態。因為一切都相安無事，就像魚槽中的沙丁魚：安安穩穩，沒有任何激情，甚至失去了活力，慢慢地等待既定的命運。然而這個時候，如果一條「鯰魚」——第三者橫空出世，我們就會不由自主地感到危機。於是，潛藏已久的活力終於爆發出來，也就是這條外來的「鯰魚」撩動了我們快要麻木的愛情弦。

在婚姻生活中，一切都可能發生，沒有人能保證婚姻會永遠都如我們想像中完美；當對婚姻感覺乏味或是疲憊的時候，感情的轉移最易發生。那麼，當那條作為外來競爭者的「鯰魚」悄然出現的時候，你所要做的，便是以更強的生命力，去重新審視自己的感情世界，擺脫懈怠疏忽，學習如何為已趨平淡的婚姻注入新的動力與激情。這就是鯰魚效應在情感生活中的奇妙運用。

你是否充滿激情？

　　這項測驗十分簡單，你只需要給予贊同或反對的答案便可。贊同請以「是」做答，反對請以「否」做答。

( )❶通常你都會避免在人多的地方出現，因為在人群之中，你會感到沮喪煩惱。

( )❷循規蹈矩的人比那些經常異想天開的人更受歡迎。

( )❸如果一個人需常常面對現實，他將意識到自己的理想會面臨失敗。

( )❹人不應該做白日夢。

( )❺一個人應該更關注自己的工作，而不是嗜好。

( )❻你特別在乎你的同事之薪水比你高。

( )❼為了避免麻煩突然發生，一個人應該對事情做徹底地了解，並毫無疑問之後才著手行事。

答案解析

❶否，朋友多會讓你充滿激情。
❷否，經常異想天開的人更知道給自己找樂子，找激情。
❸否，如果答是，未免太悲觀，你對人生沒有一點激情可言。
❹否，做做白日夢可以重獲激情。
❺否，強烈的興趣與愛好可以讓你保持激情。
❻否，嫉妒和猜疑都會破壞激情。
❼否，過分地猜想和考慮只會感到恐懼及減少激情。

　　如果你答對了五題以上，則你的心中充滿激情，且澎湃的感覺總是持續環繞胸膛。記得把你保持激情的方法告訴周圍的親朋好友，一起分享這種愉悅的心境。

18 路徑依賴法則

　　路徑依賴法則類似於物理學中的「慣性」，即一旦選擇進入某一路徑（無論是「好」的還是「壞」的），就可能對這條路產生依賴。某一路徑的既定方向會在以後的發展中得到自我強化，一個人過去做出的選擇決定了他現在及未來可能的選擇。

法則探源

　　想要了解什麼是「路徑依賴法則」，就讓我們先從一個故事開始吧。

　　現代鐵路的標準軌距是四英尺八點五英寸，這是一個很奇怪的數字，究竟從何而來呢？原來這是英國的鐵軌寬度，而美國的鐵路原先是由英國人建造的。那為什麼英國人用這個標準呢？原來英國的鐵路是由建電車軌道的人所設計的，而這個正是電車所用的標準。原來最先造電車的人以前是造馬車的，而他們是沿用馬車的輪寬標準。好了，那麼馬車為什麼要用這個一定的輪距標準呢？因為古羅馬軍隊的戰車寬度就是四英尺八點五英寸。而羅馬人為什麼以這個距離作為戰車的輪距寬度呢？原因很簡單，這是牽引一輛戰車的兩匹馬其屁股寬度。有趣的是，美國太空梭燃料箱的兩旁有火箭推進器，因為這些推進器造好之後要用火車運送，路上又要通過一些隧道，而這些隧道的寬度只比火車軌道寬

一點，因此火箭推進器的寬度由鐵軌的寬度所決定。所以說，今天世界上最先進的運輸系統，其設計早在兩千年前便由兩匹馬的屁股寬度決定了。

實際上，第一個明確提出路徑依賴法則的是美國經濟學家道格拉斯・諾思。他認為，路徑依賴法則類似於物理學中的「慣性」，即一旦進入某一路徑，就可能對這條路產生依賴。

有科學家曾經做過這樣一個有關路徑依賴法則的實驗。將五隻猴子放在一個籠子裡，並在籠子中間吊上一串香蕉，只要有猴子伸手去拿香蕉，就用高壓水教訓所有的猴子，直到沒有一隻猴子敢再動手。然後帶一隻新猴子替換出籠子裡的一隻猴子，新來的不知這裡的「規矩」，竟又伸出手去拿香蕉，結果觸怒了原來的四隻猴子，於是牠們代替人類執行懲罰任務，把新猴子暴打一頓，直到牠服從這裡的「規矩」為止。試驗人員如此不斷地將最初經歷過高壓水懲戒的猴子換出來，最後籠子裡的猴子全是新的，但沒有一隻猴子敢再去碰香蕉。起初，猴子怕受到「連坐」，不允許其他猴子去碰香蕉，這是合理的。但後來人和高壓水都不再介入，而新來的猴子卻固守「不許拿香蕉」的制度不變，這就可以說是路徑依賴法則的自我強化效應。

路徑依賴法則被總結出來之後，人們把它廣泛應用在選擇和習慣的各個方面。在一定程度上，人們的一切選擇都會受到路徑依賴的可怕影響，過去做出的選擇決定了現在可能的選擇，關於習慣的一切理論都可以用這個法則來解釋。而且，經濟生活與物理世界一樣，存在著報酬遞增和自我強化的機制。這種機制使人們一旦選擇走上某一路徑，就會在以後的發展中得到不斷的自我強化。

好的開始是成功的一半

孔子曰：「少成若天性，習慣如自然。」在我們的日常生活

中，同樣也無法擺脫這種路徑依賴，一旦我們選擇了自己的「馬屁股」，未來的人生軌道可能就被確定了。雖然將來可能會對這個寬度不滿意，但卻已經很難改變它了。我們唯一可以做的，就是在開始時慎重選擇「馬屁股」的寬度。所以說，好的開始是成功的一半。

萬事萬物都符合自然規律，從生到死，從開始到結束，都有一個起始的時間。在這個過程中可以看出時間的重要性，農民要在春天播種，過早或過晚就很難有收穫；小孩上學大約在七八歲，太早就違背教育的意義；太陽從東方升起就是一天的開始，落入西山意味著一天的結束。事事都是有序的、有規律的。人們在搬家、開業、掛牌、婚喪喜慶等一切活動中，都應該找一個好的開始。

不論做什麼事情，如果有一個良好的開端，一般來說，直到事情的結束都會很順利。相反的，如果一開始就跌跌撞撞，其結果往往也會不盡人意。的確，從心理學的觀點來看也是如此，剛開始時的成功體驗或者開始做某一件事情前有足夠的心理準備，都會給以後的行動留下無盡的餘韻，帶來活力。日常生活也不例外，如果在每天開始工作、學習或與人交往之前，在心理上稍做些調適，會使你的精氣神泉湧而出。下面這些方法可以幫助我們建立一個好的開始。

★早晨精神飽滿地起床，用自己的雙手推開窗戶。

★以自己喜歡的音樂取代鬧鐘，作為一天的開始。

★每天的第一項工作應從你最得心應手的事情做起。

★當開始一項新的工作時，儘可能地改變一下環境。

★最好當場記住新結識朋友的姓名。

★不論做什麼事情，都要先考慮積極的一面。

★不要先考慮能否成功，而應思考從何處下手。

★買來新的工作手冊時，應先把下一年度的目標和工作要點寫進去。

路徑依賴法則也告訴我們：一個良好的開端是非常重要的。萬事雖然起頭難，但應該鎖定一個目標，然後確立起點，這樣就能按照既定過程進行，讓事情達到預期的效果。做每一件事時，開端都是「始作俑者」，如果能自信地面對它，它也會用成功來回報。人生往往如此，它就像一個高高的階梯，如果你現在還在最底層徘徊，當邁入第一個台階的時候，一定要小心謹慎，一旦滑下來，你就與別人產生了距離，那時後悔已為時過晚，到最後你的努力只能化作一滴水，慢慢蒸發，所有的辛苦與奮鬥都會半途而廢。有個好的開始是重要的，它可以讓你的人生充滿自信、陽光和喜悅。

丟掉「馬屁股」，擺脫慣性思維

路徑依賴法則告訴我們，擺脫慣性思維，勇於創新是絕對需要的。先來看一個著名的試驗：有人把六隻蜜蜂和同樣多的蒼蠅裝進一個玻璃瓶裡，然後將瓶子平放，讓瓶底朝著窗戶。結果發生了什麼情況？

你會看到，蜜蜂不停地想在瓶底上找到出口，一直到牠們力竭倒斃或餓死；而蒼蠅則會在不到兩分鐘的時間，穿過另一端的瓶頸逃之夭夭。

由於蜜蜂對光亮的喜愛，牠們以為，「囚室」的出口必然在光線最明亮的地方；蜜蜂不停地重複著這種合乎邏輯的行動。然而，正是由於牠們的智力和經驗，導致死亡。而那些「愚蠢」的蒼蠅則對事物的邏輯毫不留意，全然不顧亮光的吸引，四下亂飛，結果誤打誤撞碰上了好「運氣」，這些頭腦簡單者在智者消亡的地方反而順利地自救，獲得了新生。

這樣的例子放在我們人類身上，似乎也有相通之處。人們在一定的環境中工作和生活，久而久之就會形成一種固定的思維模式，我們稱之為思維定式。思維定式使人們習慣於從固定的角

度來觀察、思考事物，以固定的方式來接受事物，它是創新思維的天敵，正如蜜蜂的經驗讓牠們永遠朝著窗戶的方向去找出口一樣。

因此，我們不能讓路徑依賴法則限制了我們的出路，輕易地將自己困在慣性的牢籠裡。要知道，勇於冒險和創新的精神，正是人類可以主宰世界的原因。

早在中國的古代，就有一位勇於創新的人物，他就是距離我們兩千多年的大數學家——祖沖之。在他小時候學習數學時，從書上看到「周三徑一」，意思就是：圓的周長是它直徑的三倍。祖沖之就想：為什麼是三倍呢？於是他跑到街上去量車輪，事實並不像書上所說的那樣。於是在他之後的求學過程中，都在不斷地鑽研這個問題。直到最後，祖沖之傾注了畢生的心血，終於將圓周率精確在了三點一四一五九二六到三點一四一五九二七之間，他也成為世界歷史上第一個將圓周率精確到七位小數點後的人。

還有一個很著名的西方故事。在三百多年前，有一位大名鼎鼎的科學家——牛頓，因發現萬有引力而名垂青史。一次，牛頓在蘋果樹下看書，突然一個熟透的蘋果掉下來，正好砸在他的頭上，於是他想：蘋果成熟了為什麼不往天上飛，而往地上掉呢？圍繞這個問題，他展開了一系列研究，最後發現了震驚全世界的「萬有引力」定律。

正是由於祖沖之和牛頓二人都捨棄了前人的「馬屁股」，敢於讓自己對以前固有的觀念產生新的想法，所以才成就了他們日後的偉大。因此可以說，如果人類沒有勇於創新的精神，就沒有今日昌盛的文明。

創新是人類文明進步的階梯。人的創新能力開發到什麼程度，社會就前進到什麼水準。哪裡有創新，哪裡就有新的希望。我們應該丟掉已有的「馬屁股」，擺脫束縛著我們的慣性思維，這樣才能創造一個全新的自我。

測驗一　從小習慣了解自己的個性

　　從某些小動作和習慣可以知道一個人的個性，就以吃薄餅或漢堡，甚至叉燒包為例，如何開始吃第一口，就可以看出個性。一般來說，吃法可以分為三種，你是哪一種呢？

(　　) A. 先吃邊緣

(　　) B. 先咬一大口

(　　) C. 把它們撕開一半後才吃第一口

答案解析

【選擇 A】

先細細咬，慢慢嚼，表示你是個小心謹慎的人，處事鎮定，就算在緊要關頭也不慌不忙；平日做事很有條理，也懂得循序漸進，連房間書桌也乾乾淨淨。然而，不足之處是凡事太過於考慮，以致有拖延進度的情形出現，同時很容易迷上某些事物。

【選擇 B】

你是個不拘小節、有點近乎豪爽的性格，小事情更加毫不在乎，很有膽量，是個行動型的人物。好勝心強，有自信，不大理會別人的意見，自以為對就馬上實行。缺點是過分衝動，到最後吃虧的往往是自己，應改變一下，儘量聽取別人的意見。

【選擇 C】

你是個認真的人，做事態度積極，但往往要慎重考慮才行動。即使心裡很喜歡某些東西，也不會急於獲取，凡事尊重別人意見，要對方表示才敢行動。其實有時不要過分客氣，否則經常會被人占便宜。

測驗二　從開車的習慣透露你的個性

請從下方選項中選出與你平時開車習慣最相近的一項。

( )A. 順著車流前進，力求平穩，有情況早早煞車

( )B. 一邊抽菸一邊開車，停車時會把腳蹺到方向盤上

( )C. 嚴格遵守交通規則，紅燈停，綠燈行，就算是郊外、鄉下、沒人的地方也一樣

( )D. 在別人認為不可能的情況下開快車、超車，並且不能容忍別人超越自己

答案解析

【選擇 A】

你為人耿直、善於相處、適應性強、辦事俐落，在各種場合都會受到別人的尊重和注意。做任何事都有周密的計劃、有板有眼、井然有序，給人信任感。但儘管你很盡責，有時候內心卻不是十分自信，所以不太會主動。

【選擇 B】

你個性獨特，平時很有主見，且不乏創意，為人剛正不阿，一切按照自己的方式生活。總體來說，你是個理想主義者，能力也較突出，所以不太會阿諛奉承。缺點是處世不夠圓滑，關鍵時候會吃一些「啞巴虧」，身邊的人可能會因為你太以自己為中心而排斥你。

【選擇 C】

你是個真正的君子，凡事腳踏實地，遵守遊戲規則。不過你嘮叨和一絲不苟的性格也會讓人覺得了無生趣，特別是異性會覺得你不夠幽默，缺乏冒險精神。事實上過度謹慎也可能

錯失不少機遇，在與人溝通、交際方面如果能有所進步的話，你才有可能成為「萬人迷」。

【選擇 D】

如果你是男性的話，會是個十分令女孩子心動的男人。你的瀟灑、自信會一下子吸引住她們的目光，因為你多半在某個方面比較出色。可惜的是不夠老練，傲氣十足且愛慕虛榮，說到做丈夫，其實還差一大截，結婚前你費力討好的對象，婚後她能夠讓你享受什麼待遇就不好說了。

19 奧卡姆剃刀定律

> 在我們做過的事情中，可能絕大部分是毫無意義的，真正有效、有益的只是其中的一小部分，而它們通常隱含於繁雜的事物中。找到關鍵的部分，去掉多餘的枝節，成功就由複雜變得簡單了。

定律摘要

「奧卡姆剃刀定律」說起來很簡單，實際上是來自六百多年前英國的威廉‧奧卡姆其一句名言：「如無必要，勿增實體。」

奧卡姆對當時無休無止，關於「共相」、「本質」之類的爭吵感到厭倦，主張唯名論，認為那些空洞無物的普遍性要領都是沒有用的累贅，應當被無情地「剃除」。他主張：「如無必要，勿增實體。」這就是常說的「奧卡姆剃刀」。這把剃刀曾使很多人感到威脅，被認為是異端邪說，威廉本人也受到了傷害。然而，這並未損害這把刀的鋒利，相反地，經過數百年的淬煉越磨越快，並早已超越了原來狹窄的領域，而具有廣泛的、豐富的、深刻的意義。

奧卡姆說過：「切勿用十分力氣去做一分力氣就可以做好的事情，否則就是浪費。」奧卡姆剃刀定律在歐洲曾使科學、哲學從神學中分離出來，引發了文藝復興與宗教改革，而其深刻意義也在時間的沉澱中變得更富魅力和發人深省。

　　奧卡姆剃刀定律看似簡單，但理解起來可能要費些腦力。有人解釋其含義：只承認確實存在的東西，凡干擾這一具體存在的空洞概念，都是無用的累贅和廢話。後來，這一似乎偏激獨斷的思維方式，被稱為「奧卡姆剃刀」。如果你還是不甚理解，下面有一個小事例可以幫助你。

　　日本有一家大型的化妝品公司，經常接到客戶的抱怨：買來的香皂盒裡面是空的。於是他們為了預防生產線再次發生這樣的事情，工程師想盡辦法發明了一台X光監視器，用來透視每一個即將出貨的香皂盒。然而，同樣的問題也發生在另一家小公司，他們的解決方法是買一台強力工業用電風扇去吹每個肥皂盒，被吹走的便是沒放香皂的空盒。從這個例子中，我們應該很容易就能理解什麼是奧卡姆剃刀定律了——保持事情的簡單性，抓住根本，解決實質，而不需要人為地把事情複雜化，這樣我們才能更快更有效率地將事情處理好。而且多出來的東西未必是有益的，可能更容易使我們為自己製造的麻煩而煩惱。

　　奧卡姆剃刀定律在企業管理中，可進一步深化為簡單與複雜定律：把事情變複雜很簡單，變簡單很複雜。這個定律要求我們在處理事情時，要把握實質內容，解決最根本的問題。尤其要順應自然，不要把事情人為地複雜化，複雜是商業行動最大的敵人。人類的一切活動都有向複雜化發展的自然傾向，我們必須不斷抵制這種傾向。愛因斯坦這樣寫道：「任何事物都應盡可能簡潔，但不能過於簡單。」如果我們不努力實現簡潔，就會很自然地陷入複雜化的泥淖中。能夠越簡單執行計劃，就能越有效達成目標。因此，我們必須不斷地為掃除每一項障礙尋找更簡便、更高效的方法。

把複雜的問題簡單化

　　奧卡姆剃刀定律的經典之處就在於，它告訴人們應該把複雜

的問題簡單化。通常，在一些人的印象裡，解決困難的思維方法總是與複雜聯繫在一起，他們凡事複雜化，以致鑽進「牛角尖」裡無法自拔。事實上，學會把問題簡單化，才是一種大智慧。

　　某大學的一個研究室裡，研究人員需要弄清一台機器的內部結構。這台機器裡有一個由一百根彎管組成的密封部分。要搞懂內部結構，就必須弄清其中每一根彎管各自的入口與出口，但是當時沒有任何有關的操作手冊可以查閱，顯然這是一件非常困難和麻煩的事。大家想盡了辦法，甚至動用某些儀器探測機器的結構，但效果都不理想。後來，一位在學校工作的老花匠，提出一個簡單的方法，很快就將問題解決了。老花匠所用的工具，只是兩支粉筆和幾根香菸。他的具體做法是：點燃香菸，吸上一口，然後對著一根管子往裡噴。噴的時候，在這根管子的入口處寫上「1」。這時，讓另一個人站在管子的另一頭，見煙從哪一根管子冒出來，便立即也寫上「1」。照此方法，不到兩個小時便把一百根彎管的入口和出口全都弄清楚了。這個聰明的點子就可以看成是奧卡姆剃刀定律的應用。

　　當然，世界上還有很多人會運用奧卡姆剃刀定律，幫助自己取得成功，最著名的就是比爾・蓋茨了。這個超級富翁起家靠的是一個簡單的思路，一個看似平淡無奇的點子。過去使用電腦，必須學會複雜的電腦程式語言，用的是英文單字、各種符號和公式來表述，不懂英文沒法學，懂了英文還要學習一堆語言規則。語言障礙限制了電腦的普及，使它只能成為專家的工具。而比爾・蓋茨只是做了一個看似簡單的事情。他把複雜的電腦作業系統變成了一看就明白的圖形符號，設計出Windows作業系統。用滑鼠在電腦螢幕上點擊、拖動各種圖形、符號，就能使用電腦，使用者不必再學英文和程式語言。這個由圖形、符號組成的作業系統，突破了語言障礙，讓電腦走進了家家戶戶。

　　比爾・蓋茨的軟體在造福我們的時候，也造就了他的財富。這個思路其實很簡單，就是把一個複雜的問題簡單化，使電腦成

了人人都能用的工具，從而開發出一個前所未有的市場。這就如同發明傻瓜照相機，我們不用學習對焦、調整光圈、速度，任何人一按快門就行了。

同樣，奧卡姆剃刀定律在日常的工作和生活也可以得到發揮和利用。尤其在企業管理，學會運用這個定律，能讓你在事業上左右逢源。在任何實現目標的過程中，我們都應該隨時留心能夠化繁為簡的方法，如：改善技能、突出重點、授權、外包和捨棄──它們會以高速度和低成本完成你的目標。

★改善技能。我們對所從事的職業掌握的知識和技能越多，達成任務的速度就越快，也越容易。聘用一名在某項工作上有多年經驗的專業人員，也許是我們可做的最聰明、成本最低的事情。

★突出重點。你在明確目標和實現目標的最佳方法上花費的時間越長，就會越迅速解決難題。

★授權。不要想著自己怎樣能把工作做好，而要隨時構思怎樣才能把工作平均分配給其他人做。我們要培養一種儘可能授權的習慣，這樣我們就能騰出時間去做那些只有我們能做，且對公司發展真正有意義的工作。

★外包。應當把公司中可以交由其他專業公司執行的工作和業務都外包出去。

★捨棄。每一家公司都有一些過時且沒有必要的工作，這些可以在不對任何人造成損失或困擾的情況下取消或暫停。只有這樣才能釋放出足夠的資源，並將這些資源應用於增長企業的業績上。

從簡單入手，抓住根本解決問題

奧卡姆剃刀定律告訴我們，要抓住事物的根本來解決問題。在我們身邊往往有一群人，吹毛求疵，好高騖遠，一葉障

目，不見森林。遇到問題抓不住重點，把不是問題的問題當做解決事情的關鍵，往往只會把事情越弄越糟。

有一天，動物園管理員發現袋鼠從柵欄內跑出來了，於是開會討論，一致認為是柵欄的高度過低，所以他們決定將柵欄的高度由原來的十公尺加高到二十公尺。結果第二天他們看見袋鼠還是跑到外面來，於是再將高度加到三十公尺。沒想到隔天居然又看到袋鼠全在外面，於是管理員大為緊張，決定一不做二不休，將柵欄的高度提升到一百公尺。 某天，長頸鹿和幾隻袋鼠們在閒聊，「你們看，這些人會不會再繼續加高你們的柵欄？」長頸鹿問。「很難講。」袋鼠說，「如果他們再繼續忘記關門的話。」

雖然這只是一個笑話，但是卻形象地說明有些人的處事態度——如果一個人遇到事情的時候，只知道按照自己心裡想的去做，卻不關心問題的根本在哪裡，那只能說明這個人是多麼愚蠢。

再來看一個故事，就知道抓住了問題的關鍵會有什麼樣的好處。

在剛開始有網際網路的時候，它把世界上幾千萬台電腦聯結在一起，組成了一個浩瀚無垠的資訊世界。當時沒有搜索引擎，只能靠輸入網址才能搜尋網站。面對無窮無盡的資訊，讓人有一種「老虎吃天無法下爪」的感覺。怎樣才能找到需要的網站？怎樣才能方便地查詢和整理各種資訊？一個從台灣到美國的二十五歲年輕小夥子楊致遠，為了方便網民，便設計了一個專門搜索網上資訊和進行分類整理的程式，並將這個網站命名為雅虎（YAHOO）。這就如同圖書館給資料編輯目錄，或如編一本電話號碼簿。這個網站成為網民離不開的地圖，很容易就能進入網際網路的世界，找到自己所需的資訊，每天造訪的人數也多達上千萬人次。意想不到的收益來了，雅虎成了刊登廣告最佳的黃金看板，楊致遠也由一個窮學生搖身一變成了富豪。這個故事說明

了楊致遠抓住問題的關鍵，把複雜的網路簡單化了，才讓他走上成功之路。

　　一次，愛迪生讓助手幫忙測量一下一個梨形燈泡的容積。事情看上去很簡單，但由於燈泡不是正規的圓形，因此計算起來就不那麼容易了。助手接過燈泡後，立即開始工作，他一會兒拿尺規測量，一會兒計算，又運用一些複雜的數學公式，但幾個小時過去了，他忙得滿頭大汗，還是沒有結果出來。就在助手又搬出一堆資料，準備再一次計算燈泡的容積時，愛迪生進來了。他看到助手面前一疊工具書和計算紙，立即明白了是怎麼回事。於是，愛迪生拿起燈泡，朝裡面倒滿水，遞給助手說：「你去把燈泡裡的水倒入量杯，就會得出我們所需要的答案了。」助手這才恍然大悟：簡單就是高效！

　　這個故事給我們的啟示是：凡事應該探究「有沒有更簡單的解決之道」。在動手之前要先動腦，想想這件事情的關鍵是什麼，能不能用更簡單的方法去做，而不是急急忙忙查書找人，以致白白忙了大半天，卻解決不了任何問題。對於同一件事情，有的人能在很短的時間內完成，有的人卻不能，這就是兩者的思維方式不同，前者遇事喜歡簡單化，速戰速決才是王道，而後者則拘泥於形式，以為複雜就是完美。將問題簡單化，學會運用抓住問題的根本，所以解決問題時最應該用到的方法，就是奧卡姆剃刀定律，砍掉與本質無關的工作，關鍵自然浮現。

應用奧卡姆剃刀定律

1. 在管理上的應用：「奧卡姆剃刀」三法

　　對於組織在目標設置與執行過程中因種種原因而出現的曲解與置換，有一個根本的解決之道，即「無情地剔除所有累贅」，這也正是「奧卡姆剃刀」所倡導的「簡化」法則：保持事物的簡單化是對付複雜與繁瑣的最有效方式。具體而言，有三種措施可

以幫助我們：

★精簡組織結構。組織結構扁平化與非層級化已經成為企業變革的基本趨勢。在這種趨勢中，顧客的需要成為員工行動的嚮導，從而引領公司內部行為有明確的目標導向。同時，由於員工的積極參與，組織目標與個人目標之間的矛盾得到最大限度的消除。

★關注組織的核心價值，始終將資源集中於自己的專長。也就是說，組織需要從眾多可供選擇的營業項目中篩選出最重要的、擁有核心競爭能力的，這樣，才能確保組織全神貫注，以最少的代價獲得最豐厚的利潤。

★人員、流程簡化。組織作為員工發揮能力的平台，當然不應成為限制人才的框架。然而，不幸的是，大多數企業組織發展的速度總是落後於企業成長的速度。如何把人員、流程簡化已經成為管理者目前最大的困境之一，優秀的領導者正是在解決這個問題上表現突出，如擁有六十億美元資產的多元化石油服務公司施盧姆貝格爾只用了大約九十名管理階層人員，而擁有十億美元資產的英代爾公司卻沒有固定的行政人員等。

2. 在生活上的應用

奧卡姆剃刀定律作為一種思維理念，當然並不僅僅局限於某一些領域，事實上，它在社會各方面已得到愈來愈多的應用。同時，它也是一種生活理念。正如愛因斯坦所言：「如果你不能改變舊有的思維方式，也就不能改變自己當前的生活狀況。」想要改變生活嗎？你知道該怎麼做。

3. 在投資學上的應用

投資需要策略，太保守不行，太冒險也不行。不少投資人整天忙著分析、研究和操作，投入了大量精力，卻依然沒有相對的報酬。面對複雜的投資市場，應拿起奧卡姆剃刀，簡化自己的投

資策略，對那些消耗了過多金錢、時間、精力的事情加以區分，然後採取步驟去擺脫它們。

4. 在科學上的應用

數百年來，無數科學家在探索實踐中都在不斷淬煉這把「剃刀」，並使它日趨鋒利，從而演化出邏輯學中一個卓有成效的創造性原則──簡化。他們面對紛繁複雜、變化萬千的表象，不自覺地拿起「剃刀」，去偽存真、刪繁就簡，直指問題的本質，剃出一個又一個創造性成果：哥白尼剃除托勒密「天體視運動模型」中多餘的行星，創造了「太陽中心說」，成為近代天文科學的開端；牛頓剃除物理世界眾多交雜的運動現象，僅用幾條簡單的定律，便建立起經典力學的斐然成就；愛因斯坦最終剃去牛頓學說與馬克士威學說之間的不和諧，創造出了精彩絕倫的「相對論」。而今，「奧卡姆剃刀」歷盡風霜，非但沒有鏽跡斑斑，反而更加亮眼鋒銳。

測驗　**你的辦事能力如何？**

你提著一大袋日用品，還拖著不足五歲的小兒子，非常狼狽地走進車廂裡，座位上並排著五位女士，你想請其中一位讓座給你的孩子，可是一時間又不知向哪一位開口，唯有從她們的坐姿上略探一二，估計一下哪個成功的機會較大，以預測你的辦事能力。經過思考，以下五位女士中，你最終會向哪位開口呢？

（　）A. 腳踝交叉者

（　）B. 雙腿靠攏斜放者

（　）C. 小腿中段交叉者

（　）D. 雙腿靠攏坐正者

（　）E. 膝蓋靠攏雙腿張開者

答案解析

【選擇 A】善心型，成功率80%
對方的坐姿為腳踝交叉而不是雙腿交叉，這種類型的人比較清純，有點羞澀，警戒心很強，討厭強勢而霸道的人。所以，和她的相處之道，就是順其自然，經常照顧和保護她會得到她的好感。

【選擇 B】傲慢型，成功率10%
對方是個自尊心強、有點傲慢的人，打扮和待人接物上很注意禮貌，喜歡別人視自己為有氣質、有家教的女性，因此不免顯得有點虛榮做作，別人很難親近。

【選擇 C】開放型，成功率50%

對方是個不拘小節、不會鑽牛角尖或為一些小事悶悶不樂的
人，因此很容易和別人打成一片。只要你主動，對方都會給
予積極的回應。如果她說話時加上動作配合，那麼其個性就
更爽朗開放了。

【選擇 D】警戒型，成功率40%

對方是個警戒心很強、把心事放在心底的人，若要與她親
近，那非要付出莫大的努力和時間不可。特別是對第一次見
面的人，總無法很自然地聊天。所以，和這類型人的相處之
道，就是要先取得她的信任。

【選擇 E】主動型，成功率50%

兩腿張開的人其主觀意識和好惡感極強，喜歡自說自話，不
太會聽取別人的意見。由於好惡感強，因此對喜歡的人很
好，對不順眼的人就連看都不看一眼。

20 光環效應

> 　　我們對某人的一種特質或優點有較深刻、突出的印象，從而對這個人產生好感，就像月暈的光環一樣，向周圍彌漫、擴散，把他所有的特點都合理化，當成好的看待。

效應精解

　　愛屋及烏的強烈感覺會無限擴散，人們稱這一心理現象為「光環效應」。一個人的某種特質，或一個物品的某種特性，如果給人非常好的印象，那麼在這種好印象的加分下，人們對這個人的其他特質，或這個物品的其他特性，也會給予較好的評價。

　　在日常生活中，光環效應比比皆是，名人代言就是一種典型。不難發現，拍廣告的主角多數是那些有名的歌星、影星，而很少見到名不見經傳的小人物。因為以明星愛用為主要訴求，所推出的商品更容易得到大家的認同。一個作家一旦成名，以前壓在箱子底的稿件全然不愁發表，所有著作都不愁銷售，這都是光環效應的作用。「情人眼裡出西施」，說的是一種戀人間的光環效應。即使女孩臉上有些雀斑，男友卻說：「妳臉上的雀斑很美，好像是天空中閃耀的星星，楚楚動人」。光環效應給愛增添了魅力，增添了詩意，使愛披上了玄妙的幻想輕紗。光環效應

是人們對事物的某種虛幻認識，雖然很美，但畢竟是虛幻，它會使正確的判斷產生偏差。因此，我們要適時調整自己的心態。

有這樣一個案例可以用來解釋光環效應。

美國心理學家凱利曾做過一個心理實驗：讓一位演講者在某大學兩個班級分別作了內容相同的演講。演講結束後，甲班學生與其親密攀談，而乙班學生對其則冷淡回避。同一個人作同樣的演講，為何效果會如此不同？原來演講前凱利曾對甲班學生說，演講者是如何和藹可親，而對乙班學生則說，演講者是如何不易接近。結果學生們戴著有色眼鏡去觀察演講者，看到的都是他們期望看到的，這就是光環效應的表現。可見，光環效應是一種認知偏差，不利於人們正確認識人或事的原始本質。這就提醒我們：在真正了解一個人或一件事前，切不可太輕信馬路消息，更不可憑一時的感覺。

由上可以看出光環效應是一種先入為主，憑第一印象一錘定音的個人主觀判斷，這種結果無疑有些「以偏蓋全」。如果認為某人擁有一個突出優點，這個人就會被積極肯定的光環圍繞，並被關注更多好感；如果認為某人具有一個煩人缺點，這個人就會被消極否定的光環籠罩，甚至認為他其他地方都不好。如一個學習成績好的學生，往往會被老師和家長認為是一個智商高、聰明、熱情、靈活、有創造性的孩子。與之相反，如果一個學生在成績方面表現不好，或者調皮搗，那麼往往會被老師和家長認為一無是處。了解光環效應的意義，有助於我們克服因表象所產生的心理偏見，避免井底之蛙、以管窺天所導致的錯誤。

適度的「光環」有助於成功

光環效應是一種以偏概全的現象，是在人們沒有意識到的情況下發生作用的。在形成第一印象時，認知者的好惡評價是非常重要的。人們初次相見，彼此最先做出的判斷是相互對眼與否，

這種評價，極大地影響對他人的整體印象。外觀美貌的人受人歡迎，更容易獲得青睞，這就是光環效應的作用。

美女在現代大行其道，人們趨之若鶩：凡有汽車大展必配美女名模；鋪天蓋地的商業廣告以美女為主角；美女們占據了五花八門的雜誌封面和報紙版面；一次次的選美比賽、模特兒選拔、時裝特展……「美女經濟」正呈現出欣欣向榮的態勢，這也是光環效應在發揮。

光環效應在經濟活動的影響尤為明顯。各行各業都希望在光環效應中分一杯羹，都在為自己的產品打造光環。其中借助企業形象、品牌形象、產品形象等的「形象銷售」，已愈來愈受到企業界的歡迎。光環不等於廣告，它是透過包括廣告在內的各種銷售手段，在業務活動各個環節中逐步積累而成的綜合效果。

世界知名運動品牌愛迪達的創辦人阿道夫・達斯勒正是借助了光環效應的正面影響，讓一個名不見經傳的小品牌走向了世界市場。

愛迪達足球鞋發跡的契機是一九三六年的柏林奧運會。這一年，公司創辦人阿道夫・達斯勒突發奇想，製作了一雙帶釘子的短跑運動鞋。怎樣使這種特別的鞋賣個好價錢呢？為此阿道夫・達斯勒頗費了一番腦筋。後來他聽到一個消息：美國短跑名將歐文斯最有希望奪冠。於是他把這雙鞋無償送給歐文斯試用，結果不出所料，歐文斯在此屆賽會連奪四面金牌。當所有的新聞媒體、億萬觀眾爭睹明星風采時，那雙造型獨特的運動鞋自然也特別引人注目。奧運會結束後，由阿道夫・達斯勒獨資經營的這種「愛迪達」新型運動鞋便開始暢銷全球，成為短跑運動員必備利器。此後，每逢有新產品問世，他總要精心選擇試穿的運動員和商品的推出時機。

一九五四年，世界盃足球賽在瑞士舉行，阿道夫・達斯勒又推出一款新品──可以更換鞋底的足球鞋。決賽那天，體育場一片泥濘，匈牙利隊球員在場上踉踉蹌蹌，而穿愛迪達的德國隊球

員卻健步如飛，並首次登上世界冠軍寶座。愛迪達新型運動鞋又一次引起轟動，整個德國乃至全世界的體育盛事，都成為愛迪達的商業舞台，產品幾乎供不應求。

十六年之後，墨西哥世界盃足球賽開幕，人們驚異地發現德國名將烏韋‧賽勒爾在綠茵場上馳騁如故。而在此之前他腿部受傷的消息已傳揚多時，許多人都在深深地為他惋惜。後來才知道阿道夫‧達斯勒特地為他趕製了一雙球鞋，使他的傷勢不致惡化，得以重返球場。賽勒爾的這雙鞋自然又一次成了大新聞而傳遍世界，愛迪達再和明星的名字聯在一起，身價倍增。

在外人看來，愛迪達運動鞋似乎與冠軍有著某種必然的聯繫，穿上它就意味著成功。其實，這種必然聯繫來自於阿道夫‧達斯勒對光環效應的合理運用，也正是他借助了運動明星們的光環使得愛迪達運動鞋的業績扶搖直上。

光環效應，讓你因為可愛而美麗

一個女孩失戀後說，因為男友曾罵她是醜女人，所以她想去整容。但實際情況是，男友覺得長相根本不是問題，只是她古怪的個性使他生厭，好像是一個醜陋的巫婆般。由此，讓人想起了美國研究者的一項實驗，實驗證明：人不是因為美麗而可愛，而是因為可愛而美麗。

這個實驗如下：研究人員選了七十八位受試者，先讓他們看一組人臉照片，並按漂亮程度給每張照片打分數，最美的給十分，依次遞減。之後，研究人員幫受試者一一介紹相片上的人之個性，如誠實、幽默、細心、任性、壞脾氣等，再讓他們重新對照片的美麗程度評分。結果發現，擁有良好個性的人分數提高了。以上現象並不難解釋，光環效應會給你答案——如果你的某種特殊表現突出時，會給他人留下深刻的印象，由此引起他們對你其他特質的忽視。就拿個性來說，好個性就像太陽散發出的溫

暖陽光，這時，你沐浴在陽光下，會覺得太陽特別可愛。你越是對其個性表示讚賞，光環就越多，即使他五官有點缺陷，也就顯得微不足道了。

美國心理學家H·凱利和S·E·阿施等人在印象形成實驗中證實了這種效應的存在。阿施選用了五十七對形容詞，每一對都是由正反、褒貶意義的名詞組成，如：「清潔」、「骯髒」等，他發現，一個人最突出的核心特質發揮了一種類似光環效應的作用。如：「熱情」、「冷酷」分別反映出兩個人的主要個性，當要求受試者回答這兩個人中哪個「慷慨」、「風趣」、「有禮貌」時，90％以上的人回答熱情的人是慷慨、風趣、懂禮貌的；大多數受試者認為冷酷的人是粗魯的。

對於女性來說，氣質之美更為重要。藉由「人並不是因為美麗而可愛，而是因為可愛才美麗」這句話，女性更應該加強自己的氣質培養。由於光環效應的作用，良好的氣質甚至能彌補女性在形體和容貌上的不足。舉手投足間流露出自信、優雅、豁達的自然之美，才謂真正的美。氣質從何而來呢？張載曰：「充內型外之為美。」即：用良好的修養充實內心世界，謂之內在美；自然流露的言行舉止和合適衣著裝扮外在形體，謂之外在美。

女性之美還源於自身的修養。修養從何而來？蘇東坡曰：「腹有詩書氣自華。」真正的修養美源自書卷氣的薰陶，有書卷氣的女性大都氣質高雅，舉止得體。做一個有修養的女性，也一定要自立，活出自己的風采，不要總把幸福寄託在別人身上，要學會從書中尋找顏如玉，獲取提升氣質的祕笈，方為美之上策。

「光環」的負面效應不可忽視

光環效應是把雙刃劍，要小心使用。由於它的加乘效果，一個人的優點或缺點全變成光環被誇大，其他的優缺點也就退隱到光環之後不見了。光環效應實際上也是個人主觀推斷和擴張的

結果，有一定的負面影響，在這種心理作用下，人們難以分辨出好與壞、真與偽，容易被人利用。因此，如果光環效應是正面的、積極的，往往可以給個人或企業帶來好的影響；但是，如果是負面的，就會造成一些不良後果。

俄國著名詩人普希金就曾吃過光環效應的苦頭。娜坦麗是當時公認的「莫斯科第一美女」，她的美貌讓普希金瘋狂地愛上她。在普希金看來，一個漂亮的女人也必然有非凡的智慧和高貴的品格，然而事實並非如此。他們結婚後，普希金發現娜坦麗雖然容貌美麗，但是卻與自己志不同道不合。每次把自己的詩讀給她聽時，她總是不耐煩地捂著耳朵說：「不聽！不聽！」另一方面，她卻總是要普希金陪她遊玩，參加晚會、舞會。大詩人為了娜坦麗拋棄了詩歌創作，還弄得債台高築，甚至還為了她與別人決鬥而犧牲了生命。普希金的故事告訴我們，在現實生活中確實應該警惕光環效應，千萬不能讓「一俊遮百醜」蒙蔽了我們的雙眼和理智。

光環效應的負面影響還會給人的心理帶來很大的障礙。一個人擁有某種榮譽久了，一旦失去或被人遺忘，就會產生一種空虛、失落感，也會產生一種急躁症，脾氣異常怪異，很容易發火，並會做出意料不到的怪事。這其實是負面的光環效應引起的病症。

同上所述，在職場也會造成不良的後果。有些人遭遇失敗打擊，往往會顯得絕望，因為隨著年齡的增長，屬於他們自己的時間已經愈來愈少，東山再起的可能性也就變得愈來愈小。在絕望念頭時刻纏繞心間的時候，職場光環效應的負面影響就會散發出潛在的殺傷力。它不但可以誘人鑽入牛角尖，而且還會讓人抑鬱終日，喪失鬥志和精力。因此，一個明智的人對人對事都會保持平常心，給自己和他人留一個適應定位，從而防止思維誤判的出現；對事前得到的各種資訊，必做理性分析，不可偏聽偏信，輕易下結論，需要在過程中慢慢了解，以避免錯誤認知。

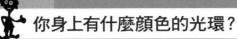

測驗　你身上有什麼顏色的光環？

　　你穿著一件白色衣服坐在鏡子前面，當你看著自己的時候，突然頭上出現天使般的光芒，你覺得那道光是什麼顏色呢？

（　）A. 紅色　　　　　（　）F. 青色

（　）B. 橘色　　　　　（　）G. 黃色

（　）C. 綠色　　　　　（　）H. 黃綠色

（　）D. 紫色　　　　　（　）I. 粉紅色

（　）E. 藍色　　　　　（　）J. 水藍色

答案解析

鏡子前面所發出來的光，就是自我能量的放射，你所選擇的顏色，就是在潛意識中不自覺所表現出來的姿態。

【A 選紅色的你】
是個很有活力、很能表現自我的人，對於事物相當有理論性，對他人也有指導的能力。

【B 選橘色的你】
有喜歡教導別人的傾向，對於周遭的事也富有很深的感情，在群體的行動力或人際關係上，具有一定的技巧和實力。

【C 選綠色的你】
因為經常面帶微笑，所以給人很好的印象，溫柔的感覺幾乎可以安撫他人疲憊的心，但是在感情生活的起伏卻相當大。

【D 選紫色的你】

創造力很豐富，企劃力很強，總是給人新鮮的刺激感，雖然有自我奉獻的一面，但也有頑固的時候。

【E 選藍色的你】

深具忍耐力與持續力，是個能夠單打獨鬥的人，雖然直覺力很準，但卻不善於用言語表達事情。

【F 選青色的你】

直覺力很好，在藝術面可以發揮很大的才能，多學習一下別人的長處會更好。

【G 選黃色的你】

感覺敏銳，頭腦反應很快，在行動上相當大膽，雖日常有些奢華，但活力十足，能給周圍的朋友精氣神飽滿的好印象。

【H 選黃綠色的你】

個性相當平穩，是個很會說話的人，雖然不是屬於綠色類型的人，但也有安撫與治癒人心的能力。

【I 選粉紅色的你】

性格比較溫柔，社交上的適應性非常好，情感豐富，是值得信賴的人，在戀愛方面是個感情至上主義者。

【J 選水藍色的你】

心地善良，很有同情心與包容力，就算是與人初次見面也可以對談如流，但是不喜歡一個人孤獨的感覺。

21 皮格馬利翁效應

積極的期望促使人們向好的方向發展，消極的期望則使人向壞的方向發展。有人將皮格馬利翁效應形象地總結為：「說你行，你就行；說你不行，你就不行。」意謂此種效應實際上是一種心理暗示的力量。

效應精解

皮格馬利翁效應，是美國著名心理學家羅森塔爾和雅格布森在小學課程教學上予以驗證提出，也稱「羅森塔爾效應」或「期待效應」。其實，它指的是一種心理暗示的力量，意即人的情感和觀念會不同程度地受到別人下意識的影響。例如，會不自覺地接受自己喜歡、欽佩、信任和崇拜的人之影響和暗示。

一九六八年，羅森塔爾和雅格布森來到一所小學，煞有其事地對所有的學生進行智力測驗。然後把一份名單通知相關教師，說這些名單上的學生被鑑定為「資優兒童」，具有在不久的將來產生「學業衝刺」的潛力，並再三囑咐教師對此「保密」。其實，這份學生名單是隨意擬定的，根本沒有依據智力測驗的結果。但八個月後再次進行智力測驗時出現了奇蹟：凡被列入此名單的學生，不但成績進步神速，而且性格開朗，求知慾望強烈，與教師的感情也特別深厚。羅森塔爾和雅格布森借用希臘神話中一位王子的名字，將這個實驗命名為「皮格馬利翁效應」。（傳

說塞浦路斯的國王皮格馬利翁愛上一座少女塑像，在他熱誠的期望下，夢想成真。愛神阿芙狄羅特把塑像變成活人，於是皮格馬利翁與之結為夫妻。）

為什麼會出現這種奇蹟呢？因為羅森塔爾和雅格布森都是著名心理學家，教師對他們提供的名單深信不疑；由於這些學生被認定是天才，所以教師對他們寄予厚望，上課時不但特別關注，還透過各種方式向他們傳達「你很優秀」的訊息。學生感受到教師的用心，產生一種激勵作用，學習時加倍努力，因而取得了好成績。皮格馬利翁效應告訴我們，在人際交往中，一旦向對方釋出期望，對方也會產生出相應於這種期望的特性。

與此實驗相反，對少年犯的研究表明，許多孩子成為罪犯的原因之一，就在於不良期望的影響。他們因為在小時候偶爾犯錯而被貼上了「不良少年」的標籤，從此這個汙點引導著孩子們，使他們愈來愈相信自己就是「壞東西」，最終掉入犯罪的深淵。

由此可見，積極期望對人的行為有積極的影響，不良期望對人的行為產生消極的影響。

這裡還有一個案例，也可以用來解釋皮格馬利翁效應。麗莎在一家外貿公司工作已經三年了，國貿系畢業的她在公司的業績表現一直平平。原因是她的上司是個非常傲慢和刻薄的女人，她對麗莎的所有工作都不加以讚賞，反而時常潑冷水。一次，麗莎主動蒐集了一些國外資料，但是上司知道了，不但不讚賞她的積極性，反而批評她不專心本職工作，後來麗莎再也不想額外給自己找麻煩了。她覺得，上司之所以不欣賞她，是因為她不像其他同事會奉承拍馬屁，但是麗莎自認不是個嘴甜的人，所以不可能得到上司的青睞，她也自然地在公司沉默寡言了。

直到後來，公司新調來一位負責進出口業務的主管理查，新上司新作風，留美的理查個性開朗，對同事經常讚賞有加，特別希望大家暢所欲言，不拘泥於部門和職責限制。在他的帶動下，麗莎工作的熱情空前高漲，她協助起草合約，參與談判，跟外商周旋……麗莎非常驚訝，原來自己還有這麼多的潛能可以發掘，

想不到以前那個沉默害羞的女孩，今天能夠跟外國客商為報價爭論得面紅耳赤。

很明顯地，這就是皮格馬利翁效應起了作用。如果一個人生活在不被重視和激勵，甚至充滿負面評價的環境中，往往就會讓自己甘於平淡。而在取得信任和讚賞的氛圍中，則容易受到啟發和鼓舞，往更好的方向努力，最終會締造亮麗的成績。

心理暗示是一種神奇的力量

心理暗示是一種神奇的力量：如果一個人認為自己什麼也做不到，他必定終生一事無成；如果認為自己絕對是出類拔萃的，就必定會產生一股巨大的能量，將自己推向成功。

中央電視台有一個節目叫「挑戰極限」，內容就是在高空中從一塊木板跳到另一塊木板上。這在平地很容易，但在高空中就增加了很多難度，問題就在於出現了消極的暗示──我一定跳得過去嗎？如果跳不過去怎麼辦？在這種消極的暗示下，我們就難以發揮出最佳水準，就真的跳不過去了。如果結果真是如此，有人可能會以為自己的實力不夠，但這其實是錯誤暗示導致的。這個活動還有另一項內容，就是上面的人和下面的人相呼應，上面的人會問「準備好了嗎」，下面的人會答「準備好了，我們支援你」，這一問一答之間就體現了積極暗示的力量。當上面的人得到肯定的回答後，就會坦然地去跳，因為下面有很多人，即使掉下去也很安全。當上面的人得到積極的暗示作用，他能安心的完成任務。這不但使自己的心理得到了鍛練，還學會以一種積極的心態面對問題。也許這個活動的意義就在於此。

在現實生活中，每個人潛意識裡都有這樣的想法：我想成為什麼樣的人，我要過什麼樣的生活。或許有人會否定這種說法，認為自己是得過且過或隨遇而安，實際上這也是一種想法。這些既是一種人生規劃，也是一種心理暗示，就是告訴自己應該怎麼

做。我們就是在這種暗示中成長的，在這種暗示中改變的。

　　許多的科學實驗證明，正面暗示能夠使我們成功，而負面暗示則阻礙我們發展。美國一個心理研究組織曾做過一項實驗。他們安排了幾個自願者，先測量每個人的握力平均是一百零一磅，然後將這些人催眠，並暗示他們現在軟弱無力，渾身沒勁。經過這種催眠暗示之後，再重新測量他們的握力，結果發現他們的平均握力居然只有六十磅左右。但是，如果給予他們一種完全相反的暗示，告訴他們每個人都是大力士，如此一來，其平均握力竟可大到一百四十磅，換句話說瞬間增加了40％的握力。

　　這就是皮格馬利翁效應給我們的啟示。人類就是這樣神奇，如果一個暗示被心裡接受，它就會產生無邊的威力，左右著人的信念和意識。接受了錯誤的暗示，必定會走向敗落；接受了正確的暗示，成功的路就相對越走越寬。

相信自己是最棒的

　　積極的心理暗示會給我們帶來無限的動力，尤其是陷入困境，或是面臨於己不利的境況時。利用自我暗示，可以幫助自己尋找適合的目標，並在改變的同時，也激發潛能。在做任何事之前，如果先充分肯定自我，就等於已經成功了一半。當面對挑戰時，不妨告訴自己，我就是最優秀和最聰明的；要做勝利者，要成功，就從這一刻開始。利用心理暗示的力量，改善自我心像，那麼如此積極的信念就可以影響未來任何事情的發展。

　　威廉‧丹佛斯是布瑞納公司的總經理，據說他小時候長得瘦小羸弱，而且胸無大志。因為，每當他面對自己虛弱的身體，他的信心就完全喪失了，甚至心中還經常感到不安。直到有一天，遇見了一位好老師，人生觀才從此改變。

　　上課的第一天，老師便把威廉找來，對他說：「我從你的自我介紹中發現，你有一個錯誤的觀念！你一直認為自己很軟弱，

那麼以後就會變得愈來愈軟弱！我告訴你，其實你是一個非常強壯的孩子。」小威廉聽到老師這麼說，驚訝地問道：「是嗎？這怎麼可能？我怎麼可能是強壯的孩子？」老師笑著說：「當然是了！來，你站到我的面前。」只見小威廉乖乖地站到老師面前，並聽著老師的指示：「你看看你的站姿，從中就可以看出，你心中只想著自己瘦弱的一面。來，仔細聽老師的話，從現在開始，腦海裡要想著『我很強壯』，接著做收腹、挺胸的動作，想像自己很強壯，也相信自己任何事都能做到，只要你真的去做，也鼓起勇氣去行動，很快你就會像個男子漢一樣！」當小威廉跟著老師的話做完一次後，全身忽然間充滿了力量。

在他八十五歲時，依然活力十足，因為他一直遵循老師的教誨，數十年來從未間斷。每當人們遇到他時，他總是聲音飽滿地喊道：「站直一點，要像個大丈夫一樣。」

有人曾這樣總結過：「我們之所以會來到這世上，是因為在母體內戰勝了數十億個精子，才搶到與卵子結合的機會，所以我們是天生的贏家。而且，每個人的皮膚、指紋、頭髮、聲音、面容及體形，都是獨一無二，以前沒有，以後也不會有。」所以，我們應該相信自己是最棒的。人只有在相信自己的時候，才會有無與倫比的力量與精神上極度的巔峰狀態，進而帶來強烈的行動力與決斷力。

「寸有所長，尺有所短」，這個世界上沒有十全十美的人。我們要學會運用皮格馬利翁效應，對自己做出積極的心理暗示。當一個人的思想朝著陽光的方向發展，他就能發現生活獲得了巨大的改變與收穫。

給孩子一個寬鬆自信的空間

皮格馬利翁效應提醒我們：自尊心和自信心是人的精神支柱，是成功的先決條件。著名的心理學家傑絲·雷爾評論說：

「稱讚對溫暖人類的靈魂而言，就像陽光一樣，沒有它，我們就無法開花結果。」

孩子是父母的希望，國家未來的主人翁。在家庭中，父母無一例外地都是望子成龍，望女成鳳。很多情況下，父母的殷殷企盼化做了孩子向上奮進的動力。但有時，過高的期許也會化為孩子肩上沉重的壓力。其實，父母對孩子們的希望都可以解釋成皮格馬利翁效應，因為每個孩子都是需要表揚和鼓勵的。如果對孩子要求過高，往往會導致他們失去自信，同時在一次次的否定中，孩子也誤以為自己很差、很笨，最後的結果就是他們不敢再去嘗試。所以，最好的教育方法，就是給孩子留有一定空間，相信他們能夠管理自己，處理好自己的事情。經常給予他們鼓勵，這樣才能讓孩子們自由快樂地成長。

卡耐基很小的時候，母親就去世了。在他九歲那年，父親續弦。繼母剛進家門那天，父親指著卡耐基向她說：「以後你可千萬要提防他，他可是全鎮公認的搗鬼，說不定哪天你就會被這個皮小孩害得頭疼不已。」

卡耐基本來就打算不接受這個繼母，在他心中，一直覺得「繼母」這個詞會給他帶來霉運。但繼母的舉動卻出乎他的意料，她微笑著走到卡耐基面前，摸著他的頭，然後笑著責怪丈夫：「你怎麼能這麼說呢？他怎麼會是全鎮最壞的男孩呢？他應該是全鎮最聰明、最快樂的孩子才對。」繼母一番話深深地打動了卡耐基，即使他的親生母親也沒有說過這樣的話。就憑著這幾句話，他和繼母開始建立良好的互動關係。也就是這幾句話，成為激勵他的一種動力，使他日後創造了邁向成功的二十八項黃金法則，幫助千千萬萬的人走上致富的光明大道。

所以，最殘酷的傷害莫過於對孩子自尊心和自信心的侮辱。不論他現在多麼「差」，你都要多加鼓勵，最大限度地給他能支撐信念風帆的信任和讚美。由於孩子心智尚未成熟，心理能量較弱，所以他們受暗示性影響較大，容易被大人的期待所左右。當

他們相信和接受別人的判斷之後，外來的期待就會內化成為自己的預期和判斷。而當一個人相信自己是怎樣的人時，就很可能成為這樣的人。這可以叫做「自我實現的預言」。

有這樣一個故事。在某次體檢中，醫院誤把馮京當做了馬涼，將兩個人的體檢結果互換了。幾周後再度複查，原本有病的馮京心無掛礙，居然平安無事，病痛全消。而錯背了別人病情的馬涼，卻因精神壓力，真的得了病而需要治療。因此，即便已不是小孩，人們仍然很容易被別人的判斷所左右。所以，身為家長，一定要留心自己平時的言行。

那麼，該如何把握對孩子的期望呢？

1. 拓寬期望面

衡量一個人的成功與否有許多評價標準。家長要拓寬期望面，不要僅以智力高低、學業成績來評斷孩子。俗話說：「三百六十行，行行出狀元。」通向成功的路不只一條，假如你發現孩子有其他的專長或特性，不妨讓他試試。

2. 以孩子自身作為參照點

期望應符合孩子的年齡特點、發展水平、興趣愛好。家長不應從自身的喜好出發，為孩子設計發展方向。而應以孩子自身作為參照點，考慮他的特長，才能讓他在學習中快樂成長。

3. 表達態度要適當

父母向孩子表達期望的方式對他們有著極大的影響。合適的、積極的引導可以激發孩子學習的興趣，成為他們發展的動力；而消極的、不良的傳達技巧便會抑制阻礙孩子的發展。

你有足夠的自信創業嗎？

　　如果現在給你一個創業的機會，你會有安全感嗎？你對自己有信心嗎？請在以下的問題中做出相應的選擇。

❶ 你是個受歡迎的人嗎？是（　）否（　）

❷ 你認為自己很有魅力嗎？是（　）否（　）

❸ 你有幽默感嗎？是（　）否（　）

❹ 目前的工作是你的專長嗎？是（　）否（　）

❺ 你懂得搭配衣服嗎？是（　）否（　）

❻ 在某些危急時刻，你很冷靜嗎？是（　）否（　）

❼ 你與別人合作無間嗎？是（　）否（　）

❽ 你認為自己不是個尋常人嗎？是（　）否（　）

❾ 你從未希望自己長得像某某人嗎？是（　）否（　）

❿ 你從未羨慕別人的成就嗎？是（　）否（　）

⓫ 你是個絕佳的情人嗎？是（　）否（　）

⓬ 你經常欣賞自己的照片嗎？是（　）否（　）

⓭ 別人的批評，你會不放在心上嗎？是（　）否（　）

⓮ 你經常對人說出真正的意見嗎？是（　）否（　）

⓯ 你相信別人的讚美嗎？是（　）否（　）

⓰ 你總是覺得自己比別人強嗎？是（　）否（　）

⓱ 你對自己的外表滿意嗎？是（　）否（　）

⓲ 你認為自己的能力比別人強嗎？是（　）否（　）

⓳ 在聚會上，你經常先跟別人打招呼嗎？是（　）否（　）

⓴ 如果店員的服務態度不好，你會告訴他們經理嗎？
　　　　是（　）否（　）

㉑ 一旦下定決心，即使沒有人贊同，仍然會堅持做到底嗎？
　　　　是（　）否（　）

㉒ 參加晚宴時，忽然很想上洗手間，你會立刻去嗎？
　　　　是（　）否（　）

㉓ 如果想買性感內衣，你會親自到店裡去，而不是郵購嗎？
　　　　是（　）否（　）

㉔ 在宴席中，只有你一個人穿得不正式，你也不會感到不自
然嗎？　是（　）否（　）

答案解析

選擇「是」得（2分），選擇「否」得（0分）。

【16分以下】
說明你缺乏信心，過於謙虛和自我壓抑，所以經常受人支
配。從現在起，儘量不要去想自己的弱點，應多想好的一
面；學會看重自己，別人才會真正看重你。

【16～30分】
說明你頗有自信，但或多或少缺乏安全感，容易懷疑自己。
這時不妨自我提醒，在優點和長處等方面，並不會輸給別
人，要特別強調自己的才能和成就。

【30分以上】
說明你信心十足，明白自己的優點，同時也清楚缺點。不
過，在此警告一下：如果你的得分超過40分，別人可能會認
為你很狂傲自大，甚至氣焰太盛。不妨謙虛一點，才有好人
緣。

22 海格力斯效應

> 「以牙還牙，以眼還眼」，「以其人之道還治其人之身」，「你跟我過不去，我也讓你不痛快」，這就是海格力斯效應，是一種人際間或群體間存在的冤冤相報、致使仇恨愈來愈深的社會心理現象。

效應精解

海格力斯是古希臘神話的大英雄。一天，他正在坎坷不平的山路上行走，發現路上有一個像袋子的東西很礙事。海格力斯心想：「這是個什麼東西啊，竟敢在這擋我的路？」於是，就狠狠地踩了它一腳。原以為一腳可以把它踩破，誰知那個東西反而膨脹起來，加倍地擴大著。看到這種情況，海格力斯氣不打一處來，惱羞成怒的他抓起一條碗口粗的棍子向那個袋子似的東西砸去。結果不但沒有打破，反而變得更大了。它愈來愈大，已經完全把海格力斯的路堵死了。正當海格力斯為這個莫名其妙的袋子發愁的時候，一位聖人從山中走了出來。他對海格力斯說：「朋友，快別動它，忘記它吧，這個東西的名字叫仇恨袋。如果你不去侵犯它，它便小如當初，你侵犯它，它就會膨脹起來擋住你的路，與你敵對到底。」海格力斯效應告訴我們，仇恨正如這個袋子，開始很小，如果你忽略它，矛盾就會化解消失；如果你與它過不去，加恨記仇，它就會加倍地報復。

所謂報復，是以攻擊手段向那些曾給自己帶來不愉快的人發洩的一種方式，它極富不滿、怨恨和情緒性。報復心理和報復行為常發生在心胸狹窄、個性暴戾者遭到傷害的時候。據社會心理學家研究表明：報復心理的產生不僅和個性有關，而且與挫折的原因和環境有關。報復常常以隱蔽的形式進行，因為報復者沒有足夠的心理承受能力和公開的反擊能力，所以只有暗中進行。這種行為導致報復者的人際關係愈來愈差，間接帶來莫名的壓力和阻力。

當我們與人發生誤會、摩擦，憤憤不平、心存報復的時候，仇恨便會悄然成長，而心靈也會背負上沉重的包袱。報復是一種不健康的心理狀態，它不僅會對當事人造成諸多威脅，而且有害自己的身心靈。每個人都該學會用動機和效果統一的觀點去衡量人的行為，這樣可以減少許多不滿情緒的產生。報復心理可以透過改變發洩方法、轉換發洩管道來解決。切勿在一念之間，讓邪惡占了上風，到頭來後悔莫及。

其實，我們也會經常犯和海格力斯一樣的錯誤，與人發生衝突時，不願意吃虧，步步緊逼，據理力爭，死要面子，認為忍讓就是失了尊嚴，最終使得矛盾不斷地升級，不斷地激化。其實忍讓並不是沒有尊嚴，而是成熟、冷靜、理智、心胸豁達的表現，一時的退讓可以換來別人的感激和尊重，避免誤會的加深。所以，我們要加強自身修養，開闊心胸。要知道，以惡治惡並不是懲惡揚善，而是對邪惡的姑息養奸。社會就像一張網，錯綜複雜，我們要學會尊重不喜歡的人，在自己的仇恨袋裡裝滿寬容，這樣才會少一份怨恨，多一份快樂。

寬容是最好的藥

報復是人性中一處心結，釋迦牟尼說：「以恨對恨，恨永遠存在；以愛對恨，恨自然消失。」耶穌也曾告訴大家，去愛你的

敵人。面對他人傷害，不要心生報復，更不要採取報復手段；需學會自制，以寬容化解怨恨，懂得寬容的人才能更好地生活。報復也是一種傷害，每個人在產生這個念頭時務必要多考慮它的危害性。當他人給我們帶來不愉快時，要先想到寬容，如此將心比心，報復的慾念就會慢慢散去。一隻腳踩扁了紫羅蘭，它卻會把香味留在腳跟上，這就是寬容。寬容會使人生得到昇華，在昇華中找到平靜，在平靜中得到幸福。

有一個流傳很廣的故事。

一天晚上，有位老師父在禪院裡散步時，發現一把椅子靠在牆角。他知道有人不顧寺規，翻牆出去遊玩了。老師父搬開椅子後蹲在原處，果然，沒多久有一位小和尚爬牆而入，在黑暗中踩著老師父的背跳進院子。當他雙腳落地時，才發覺剛才踏的不是椅子，而是自己的師父，小和尚頓時驚惶失措。但是，老師父並沒有責備他，只是以平靜的語氣說：「夜深天涼，快去多穿件衣服。」小和尚感激涕零，回去後告訴其他師兄弟，此後再也沒有人夜裡越牆出去閒逛了。

寬容是一種美德，寬容別人就是善待自己。記得這樣一句話：「心是一個容器，當愛愈來愈多時，仇恨就會被擠出去。」不要讓仇恨掩蓋了你的品德，不要讓爭怨損害了你的形象。隨著生活歷練，人會逐漸認識到寬容對於自身和他人的重要。就像基督教教義的變遷：開始的時候，耶穌告訴人們要「以牙還牙，以眼還眼」，但是後來，他反而說「如果一個人要打你的左臉，你把右臉也伸出去讓他打；如果一個人要你的外衣，你把內衣也給他」。這說明即使是聖賢也有被報復心理困擾的時候，但他們之所以成為聖賢，是因為他們最後選擇了寬容。

清朝大學士張廷玉與一位葉姓侍郎都是安徽人。兩家相鄰而居，都要起房造屋，為土地發生了爭執。張老夫人便修書北京，要張廷玉出面干預。這位大學士看罷來信，立即做詩勸導老夫人：「千里家書只為牆，再讓三尺又何妨？萬里長城今猶在，

不見當年秦始皇。」張老夫人見書明理，立即把牆主動退讓三尺，葉家見此情景，深感慚愧，也馬上把牆讓後三尺。就這樣，張葉兩家的院牆之間，形成了六尺寬的巷道，成了有名的「六尺巷」。張廷玉失去的是祖傳的幾分地，換來的卻是鄰里和睦及流芳百世的美名。

生活中難免與別人起爭執，但別忘了在自己的仇恨袋裡裝滿寬容，這樣我們就會少一分阻礙，多一分成功的機遇。怨念與敵意如同一面不斷增高的牆，寬容與善良則恰似不斷拓寬的路。你在心底種下什麼樣的種子，就會有什麼樣的收穫。只有學會控制脾氣，才能靜下心來評估自己的處境。凡事要用智取，而不是強奪，不要為小事斤斤計較。要時刻記著這句話：「傷人即是傷己。」

放棄仇恨等於善待自己

一個人只有忘記心中的仇恨，才能使心理平衡，解放自己。我們都應記住別人給的恩惠，忘記對別人的仇恨。記仇實際上受害的是自己的心靈，輕則自我折磨，重則可能導致瘋狂的報復，最終的結果就是自我毀滅。佛說，生氣是用別人的錯誤來懲罰自己，寬恕別人才能得到心靈的解脫。

林肯當上總統之後，仍任用了一個能力很強的死對頭擔任部長之職。幕僚和隨從們都十分不解。「他是我們的敵人，應該摒棄他！」大家憤怒地建議。「把敵人變成朋友，」林肯解釋說，「既減少一個敵人，又多了一個朋友。」從這裡，我們可以看到，領導者有著寬廣的胸懷與智慧，不記仇是成就大業的基石。既往不咎、寬宏大量的人，才可放下沉重的心理包袱，才能與人和睦相處，贏得他人的友誼和信任。

明白「退一步海闊天空」的道理，之後遇事給自己五分鐘，冷靜地思考，就可以擁有更開闊的心境，做出更加睿智的決策。

人生百態，各有所愛，你愛吃魚，他愛吃鴨，雖然嗜好各不相同，但緣分安排大家一桌共食，各自也都吃到了自己喜歡的東西，何樂不為？又何必強求別人一定要吃跟自己一樣的食物呢？如果我們能承認各自有異的客觀存在，便會對彼此的不同感到喜悅，你有你的思維方式，我有我的人生見地，若能互相學習，就能一團和氣。轉換思維，用博大胸懷去包容萬物，到那時，你會感到「明月裝飾了你的窗子，你裝飾了別人的夢」，有一種出人意料的美，一種意想不到的奇蹟。

那麼，該如何忘記仇恨，消除報復心理呢？下面有幾個方法可以幫助我們。

1. 轉移注意力

當遭到欺侮，自尊心受傷害時，憤怒之情會不由自主升起，甚至怒火中燒。這時，我們可以暫時離開看不順眼的人或環境，所謂「眼不見，心不煩」，轉而做一些能讓自己開心的事以轉移注意力，這樣可以淡化憤怒情緒。

2. 將心比心

在人際交往中受到挫折或不愉快時，不妨將心比心，將自己置於對方的境遇裡想想該怎麼辦。透過角色互換，也許能理解對方許多苦衷，從而消除報復心理。

3. 豁達大度

人有委屈在所難免，如果我們能多一點寬容之心，就不會去斤斤計較那些雞毛蒜皮的得失，一些以往看得很重的糾紛或衝突也就會顯得微不足道。這樣，報復之心自然就無法產生了。

4. 找個知心好友聊聊天

情緒是一種能量，會有積蓄效應的，當它滿到一定程度就需

要發洩，這時，可以找一個知心好友傾訴、吐苦水，以釋放心理壓力，或聽聽他人的評論、勸解。情緒經過紓解之後，心中的怒火會不知不覺地熄了一大半，甚至煙消雲散。

我們要知道，仇恨的是別人，但煩擾的卻是自己。永遠不要因為仇恨而使自己終日鬱鬱寡歡，整天苦惱。請記住，放棄仇恨，放棄煩惱，就是善待自己。

不要過度關注一個問題

海格力斯效應的另一個啟示是：不要過度關注一個問題。一旦問題被高度關注，事情就會變得複雜，這是另外一個版本有關海格力斯的故事。

海格力斯是個大力士，無所不能。有天走在路上差點摔跤，低頭一看，是被一塊蘋果大小的石頭絆著了，他氣得把劍抽出來，想把石頭砍碎。沒想到，石頭瞬間膨脹起來，他就不停地瘋砍，可是石頭越長越大，頃刻間，變成一座高山，擋住他的去路。這時，智慧之神雅典娜從天空降臨，對他說了三個字：「繞過去。」海格力斯走了很遠的路，才繞過這座大山。想不到他回頭一看，那座大山又縮成蘋果大小的石頭，躺在路上了。

這個寓言的意思是：很多問題是被人「關注」、「構建」出來的，其本身並沒有想像中那麼大。問題來的時候，我們應該想辦法解決；如果解決不了，就要想怎麼繞過去。

同樣，有心理學家也提出過這樣的觀點：過度關注外貌會有損健康。

心理學家透過研究發現，對自己的外貌沒有信心會影響人的心理和生理健康，而積極的自我肯定和與他人的密切關係可以緩解這種危害。

紐約布法羅大學的洛拉・帕克博士建立了ARS（因外貌而遭拒絕的敏感性）衡量標準，以評判人們因自己外貌而遭到拒絕的敏感

焦慮程度。

　　帕克對兩百四十二名大學生進行了測試，發現ARS得分高的學生很可能把外貌作為其判斷自身價值的基礎。他們往往缺乏自尊心、神經過敏、沮喪、沒有安全感，還有不正確的飲食習慣。帕克在布法羅大學發表的聲明中說：「對因自己外貌而遭到拒絕敏感的人，不管是男性還是女性，都非常關注自己的體型和體重，甚至到了不健康的程度。他們餓的時候不吃東西，經常強迫性運動，然後又暴飲暴食。不管是體重、身高、臉上的粉刺還是身體的其他特徵，都足以讓ARS得分高的人感到孤獨、不受歡迎、遭到拒絕和受到孤立。」

　　對事物的過度關注就會像海格力斯遇到的「仇恨袋」和「蘋果石」一樣，它會在你的在乎之下，不斷地膨脹，不斷地擴展，直到你無法控制。然而，如果你選擇寬容，簡單繞個彎，也許它自己就會銷聲匿跡了。

你的報復心強嗎？

　　與人相處，不時會遇到令自己不平衡的事情，甚至被朋友出賣的情況。這時，受了一肚子氣的你，會被激起強烈的報復心嗎？不妨測試一下。

　　如果你遇到歹徒持刀搶劫，而身旁恰好有些可以充當武器的物品，情急之下你會拿起哪件來反抗？

（　）A. 旗子　（　）B. 椅子　（　）C. 刀子　（　）D. 石頭

答案解析

【選擇 A】
善用心機型。你是個很懂得用腦筋的人。有人得罪你時，你不會當場發作，而是暗中等待時間報復，例如揭他隱私、攻他痛處，讓對方恨得牙癢癢的，卻又無可奈何。

【選擇 B】
直接反擊型。你的愛恨分明，所以有人冒犯到你，你的反應也很直接，好惡全寫在臉上。如果對方肯道歉便罷，若不道歉又繼續不客氣的話，你一定會讓他吃不了兜著走。

【選擇 C】
以牙還牙型。你很重視朋友，所以心裡容不下對方的背叛與出賣。當被對方傷害時，你會「以其人之道還治其人之身」。不過也只會報復一次，因為以後就不再是朋友了。

【選擇 D】
借刀殺人型。你是標準的「狡兔三窟」，當你覺得對方實在不可原諒，想給他點顏色瞧瞧時，你也早已鋪好後路，並借刀殺人，把對方賣了還讓對方替你算錢。雖然這也是你的本事，但以後很難有良好的人際關係。

23 霍布森選擇效應

沒有選擇的餘地就等於前途無「亮」。一個人選擇了什麼樣的環境，就選擇了什麼樣的生活，想要改變就必須有更大的選擇空間。如果管理者用這個別無選擇的標準來約束和衡量員工，必將扼殺多樣化的思維，從而停止創造力與改革心。

效應精解

「霍布森選擇效應」來自於這樣一個故事。

英國劍橋有一個做馬匹生意的商人叫霍布森，他承諾想買或是租馬的人，只要給一個很便宜的價格，就可以隨意挑選。但他又附加一個條件：只允許挑選能牽出門的那匹馬。其實這是一個圈套，因為他在馬廄只留一個小門，大馬、肥馬、好馬根本就出不去，只有一些小馬、瘦馬或懶馬能通關。顯然，他的附加條件實際上就等於告訴顧客不能挑選。大家挑來挑去，自以為完成了滿意的選擇，其實結果可想而知。這種沒有選擇餘地的挑選，被人們譏諷為「霍布森選擇」。

在「霍布森選擇」中，人們自以為撿到好康，但事實上思維和選擇的空間都非常小。有了這種思維的自我僵化，當然不會有創新，所以它只是一個陷阱，讓人們在進行偽選擇的過程中自我陶醉，喪失了改造的時機和動力。若一個企業家在挑選部門經理

時，只局限於在自己喜歡的人裡抉擇，選來選去，再怎麼公平、公正，也只是在小範圍內進行，很容易出現「霍布森選擇」的局面，甚至出現「矮子裡拔將軍」的慘況。美國經濟學家威廉・鮑莫爾曾指出，高科技產業中競爭非常激烈，要想生存下來，企業必須在政府及本身資助的基礎研究專案中，最大限度地投入資金，開發新材料、新設備、新系統、新方法和新模型。換句話說，要不創新，要不坐以待斃。

同樣，一個人在進行判斷、決策的時候，必須在多種可供選擇的方案中取捨。如果只能說「是」或「否」的話，這能算是判斷嗎？只有在多種選擇方案中思考研究，才能做出最佳的決定。在我們還沒有考慮各種選擇之前，我們的思想是閉塞的。正如一句格言所說：「如果你感到似乎只有一條路可走，那很可能這條路就是走不通的。」

為什麼會陷入這種困境呢？看來與思維的封閉性和趨同性是不無關係的。所謂思維的封閉性，就是看不到客觀世界、環境系統的開放性。這種封閉性又必然帶來趨同性，它使人的思維活動總是朝著單向選擇進行，不去尋找新的視角，開闢其他可能存在的認識途徑。結果，就使自己在整個創造過程中，失去了自由活力和創造精神，在社會普遍靜態的有序性下，遺棄了富有個性化迷人魅力的主動衝擊力，呈現出一種負面表象：激化單向選擇，進一步取消了人在本質上所固有的多樣化、多層次選擇存在的可能。於是，「霍布森選擇效應」也就翩然而至了。

選擇決定命運

霍布森選擇效應告訴我們，選擇決定命運。英代爾公司前總裁格魯夫說：「人生最奢侈的事就是做你想做的事。」意謂對人們來說如何選擇才是最難的。

我們來看一個「雞與大蟒蛇」的故事。在動物園裡，管理員

每天都要餵一大盆肉給大蟒蛇吃。有一天，管理員突然想看看給大蟒蛇吃雞會是什麼樣子，於是他就送了一隻雞到大蟒蛇的籠子裡。這隻雞突然遭遇飛來橫禍，但什麼辦法也沒有，因為已經死到臨頭了。可牠一想，反正是一死，為什麼要白白等死呢？也許搏鬥一番還有活命的機會呢！於是牠使勁飛起，狠狠地對著大蟒蛇猛啄起來，大蟒蛇被這突如其來的猛攻弄得措手不及，被啄得眼睛都睜不開了，根本沒有還手之力。一個小時以後，大蟒蛇終於被這隻雞啄死了。第二天，管理員進來看到這情景大吃一驚，不敢相信，最後只好把雞放走了。這隻雞在生死關頭的勇敢選擇，為自己贏得了生存的權利。人也一樣，無論我們做出什麼樣的選擇，都會決定之後的命運。

美國有句俗諺說得好：「當一個人知道自己想要什麼時，整個世界將為之讓路。」湯馬斯‧華生就是這樣的人。他被帕特森攆出收銀機公司時已經四十歲了，而且攜家帶眷，但即使在這種時候，他選擇職業的條件也很堅持。他先後拒絕了製造潛艇的電船公司和生產武器的雷明頓公司之邀請。如果華生沒有拒絕這些對別人來說十分誘人的職位，就沒有後來的IBM。當年愛迪生公司許諾福特做主管，條件是要他放棄內燃機的研製，福特的決定很輕鬆：「我早就知道我一定會選擇汽車。」年輕的福特知道他要做的就是汽車的先驅，而不是區區一個不知名的主管。如果福特當年選擇另一邊，很難說還會不會有福特汽車公司。

還有這樣一個哲理故事。在第一次世界大戰中，某個將軍一旦抓獲敵方間諜就交由軍法審判，通常都是被處死刑。多年來這位將軍一直採用一種奇特的慣例，給被判死刑的人最後一次選擇機會：由行刑隊迅速槍決，或是碰運氣去通過一道神祕的黑門。

死刑執行前片刻，將軍讓驚懼萬分的間諜自己選擇：「你選什麼？行刑隊還是黑門？」對於間諜來說，這是一個可怕的決定，每當他的手移動到厚重的黑色門環上，總是不敢去打開門。最後他還是選擇了行刑隊，因為他害怕，不知道開啟神祕黑門後

將面臨什麼樣更恐怖的景象。

幾分鐘後，步槍發出的聲音表明死刑已經被執行。將軍望著遠方，轉向副官說：「你看到了吧！相對於未知的事物，人們寧願選擇已知的。即使我給那個間諜機會，他還是選擇死亡。」副官問：「那扇黑門後面究竟是什麼呢？」「是自由，」將軍答道，「現在我知道了，為什麼沒有人有足夠的勇氣去開啟它！」

人們往往有數不盡的決定等著去做，但卻對如何抉擇有著相當大的困惑。因為他們知道，自己的選擇往往決定了以後的命運。密西根大學一位心理學家說：「一般而言，人們都能處理日常的事務但卻不能輕鬆地做決定。原因往往是過度分析、拖延、完美主義的作祟，因為優柔寡斷是保持安全的最佳狀態，同時保留了若干思考的空間。」

一個好的決策者要鍛練自己的選擇能力，可參考以下建議：

★先看看這個決定是對的還是錯的。這樣做最簡單，因為對的事情往往是顯而易見的。選擇對的去做，才不會出錯。

★訂出你的目標。不能做決定往往是因為無法確定什麼是對你真正重要的。要了解心裡想要的是什麼，才能做出正確的決定。

★不要讓過去干擾你。過去所犯的錯誤，只能當做是一場學習的經驗。

★冷靜思考。當繁雜情緒在心胸澎湃的時候，就極有可能做出不好的決定。所以，在面臨決定時刻，保持冷靜非常重要。

★與自己的感覺取得一致。人們往往憑直覺就知道自己要的是什麼，有時尊重直覺反而會取得意想不到的結果。

★預料結局。衡量每種選擇所帶來的後果是好是壞，然後再做選擇。

★立刻去做。當你認為自己已考慮過輕重，就不必再為已做的決定感到猶豫了，立刻去做才是當前最要緊的事。

只要你運用以上的方法，做好生命中每一個輕微或重大的選

擇，那麼你的人生就可以減少很多遺憾，路也就愈走愈順遂了。

打破常規，不要讓標準成為局限

霍布森選擇效應另一個啟示是：不可以用限定好的標準去約束別人，這樣會扼殺他的創造力。一個有創新思考意識的人，絕對需要自由廣闊的空間。

在古希臘神話裡，有一個兇狠的攔路大盜名叫普洛克儒斯特斯。他有兩張鐵床，一張很短，一張很長。他強迫過路的客人躺在床上，如果床比人長，就用一把巨鉗夾住客人的四肢把人拉長；如果床比人短，就用刀砍掉客人的雙腳。

如果在管理中用一個呆板不變的標準來要求員工，就相當於把他們的腳砍掉或筋骨拉長，那不僅十分可笑，還會激起他們不滿與憤怒。上面的故事中，那個窮兇極惡的大盜最後敗在希臘英雄特修斯之手，特修斯抓住他，把他按在那張短床上，然後用刀砍掉了他的雙腿，讓他在痛苦中慢慢死去。管理者不應該使員工陷入霍布森選擇效應，更不能把他們約束在一張無形的鐵床上。

人們常說：「不以規矩，不成方圓。」此處的「規」和「矩」，本是畫圓形和方形的兩種工具，人們經常將其引申為一定的標準、行為準則。意思是說，不按規矩行事，就很難辦成事。這在一定程度上是確信無疑的。

然而事實上，任何事物都處於不斷變化的矛盾中，處於永恆發展之中。只承認事物的一個方面，而忽略它的對立面，是一種形而上學的世界觀。然而，基於唯物世界觀的哲學思想來看，規矩是用來打破的。只有不斷向規矩挑戰，才能發現規矩之外的方圓，這種周而復始的運動，才能驅使事物的不斷發展。

不難想像，孫臏巧換馬，才讓田忌妙贏齊威王；梵谷突破傳統畫技，以放蕩不羈的手法留下了後世驚豔的《向日葵》……因此我們說，敢於打破常規的人大都是勇於創新者。

　　光滑的牆壁上，一隻螞蟻艱難地往上爬，爬到一大半，忽然跌落下來，這是牠的第七次失敗。然而過了一會兒，牠又沿著牆角往上爬了。有人會為螞蟻的堅持喝采，這種精神固然值得肯定，但是這隻可憐的螞蟻只需改變一下自己向上爬的方位，便會順利地抵達目的地。靈活變通是牠所欠缺的。愚公移山的故事自古被奉為「佳話」，傳承後代。假如愚公能變通一下，想辦法搬家，那樣會比移山要省時省力得多，而效果是一樣的。在尋找做燈絲的材料時，愛迪生不斷地改變方法，在歷經無數次失敗後終於獲得了成功。假如他不懂變通，只抓住一種實驗途徑不放，也許人類至今仍在黑暗中摸索。

　　窮則變，變則通。對於善於變通的人而言，這個世界上不存在困難，只存在暫時還沒有想到的方法。我們的生活有時就如同一個沒有硝煙的戰場，只有學會打破常規，才能擁有立足之地。

今天的選擇，決定三年後的生活

　　對於個人來說，如果陷入霍布森選擇效應，就不可能發揮自己的創造力。道理很簡單，任何好與壞、優與劣，都是在對比中產生的，只有擬出一定數量和質量的方案比較研究，判斷才有可能合理。因此，沒有選擇餘地的選擇，就等於無法判斷，就等於扼殺創造。

　　有一個在監獄裡發生的故事。三個人要入監服刑三年，典獄長給他們一人一個可以實現請求的機會。美國人愛抽菸，要了三箱雪茄；法國人最浪漫，要了一個美女相伴；猶太人則要了一部可以打出去的電話。三年過後，第一個衝出來的是美國人，嘴裡鼻孔都塞滿了雪茄，大喊道：「誰有火，給我火！」原來他忘了要打火機。接著出來的是法國人，只見他手裡抱著一個小孩，美女也牽著一個小孩，肚子裡還懷著第三個。最後出來的是猶太人，他緊緊握住典獄長的手說：「這三年來我每天與外界聯繫，

生意不但沒有停頓，反而翻了兩倍，為了表示感謝，我送你一輛勞斯萊斯！」

這個故事告訴我們，什麼樣的選擇，決定什麼樣的生活。今天的生活是由三年前的選擇決定的，而今天我們的抉擇將決定三年後的生活。想要過得更好嗎？趕快行動吧。

動物園裡的小駱駝問媽媽：「媽媽，媽媽，為什麼我們的睫毛那麼長？」駱駝媽媽說：「當風沙來的時候，長長的睫毛可以讓我們在風暴中分辨方向。」小駱駝又問：「媽媽，媽媽，為什麼我們的背那麼駝，醜死了！」駱駝媽媽說：「這個叫駝峰，可以幫我們儲存大量的水和養分，讓我們能在沙漠裡耐受十幾天的無水無食條件。」小駱駝還問：「媽媽，媽媽，為什麼我們的腳掌那麼厚？」駱駝媽媽說：「那可以讓我們重重的身子不至於陷在軟軟的沙子裡，便於長途跋涉啊！」小駱駝高興極了：「哇，原來我們這麼有用啊！可是媽媽，為什麼我們還在動物園裡，不去沙漠遠足呢？」這時，駱駝媽媽說不出話來了，她用無言告訴了小駱駝，如果選擇在動物園裡無憂無慮、不用為吃喝發愁的生活，那也就意味著要失去在大自然裡遠足的快樂。

雨後，一隻蜘蛛艱難地向牆上已經支離破碎的網爬去，由於牆壁潮濕，牠爬到一定的高度就會掉下來，牠一次次地向上爬，一次次地掉下來……第一個人看到了，嘆了一口氣，自言自語：「我的境況不正如這隻蜘蛛嗎？忙忙碌碌無所得。」於是，他日漸消沉。第二個人看到了，說：「這隻蜘蛛真笨，為什麼不從旁邊乾的地方開始爬？我以後可不能像牠那樣愚蠢。」於是，他變得積極起來。第三個人看到了，立刻被蜘蛛屢敗屢戰的精神感動了。於是，他變得堅強起來。

同樣的場景，不同的人產生了不同的感想，然後做出不同的選擇，於是每個人從中所得的收穫也完全不一樣。生活中常常會面臨上述情形，需要做出各種選擇，但最終的結果會決定我們以後的生活，甚至是今後的命運。所以，一定要慎重。

測驗 你想選擇怎樣的生活方式？

　　幸福的感覺有千萬種，到底哪一種才是你所追求，也是最適合你的呢？你想選擇怎樣的生活方式呢？做做下面的測驗，也許就能找到答案。

(　　) ❶ 你會被大商場裡什麼商品所吸引？
　　　　　A 梨形的躺椅
　　　　　B 考究的地毯
　　　　　C 好看的鏡子

(　　) ❷ 早上什麼東西能讓你最快醒來？
　　　　　A 音樂聲
　　　　　B 熱咖啡的香氣
　　　　　C 鬧鈴聲

(　　) ❸ 一天中最愜意的時光是什麼時候？
　　　　　A 早餐時間
　　　　　B 鑽進被窩時
　　　　　C 走出辦公室的時候

(　　) ❹ 為了保持身材，你會選擇哪種方式？
　　　　　A 做運動
　　　　　B 堅持嚴格的飲食
　　　　　C 騎自行車上班

(　　) ❺ 新房子哪個物件最讓你動心？
　　　　　A 一個玻璃浴缸
　　　　　B 古色古香的地板
　　　　　C 能看到好風景的陽台

(　　) ❻假如你有一條，那會是什麼樣的？

A 愛斯基摩犬

B 拉布拉多犬

C 白花

(　　) ❼當有人對你說「高山」的時候，你想到什麼？

A 高速直線滑雪

B 山區裡的小木屋和瑞士乾酪

C 完整的大螢幕

(　　) ❽結束了一個異常緊張的工作日，為了放鬆一下，你會選擇什麼方式？

A 去上一節非洲舞蹈課

B 和愛人共進晚餐

C 和一大票朋友去喝酒

答案解析

【假如你多選A】

對你來說，生活就像一個廣闊的遊樂場，可以肆意地發揮多彩的能量。每一天你都過得充滿活力，沒有什麼能夠打亂你歡樂的節奏。要想充分發揮潛力的話，應該選擇一個移動性強（比如經常出差），並總能和不同人群接觸的職業。需要注意的是，有時也需要停下來養精蓄銳，以便迎向更好的生活。

【假如你多選B】

熱情、開朗、活躍……當人們談論到你的時候，經常會選用這些辭彙。如果你喜歡待在家裡，並不意味你想隱居，而是你的家實在是一個理想的生活空間，並歡迎親戚、朋友們一

起來分享。創造愉悅並享受愉悅是你的信條，無論獨處還是和很多人在一起，你都懂得去營造一個舒服的氛圍。需要注意的是，在到達理想彼岸的途中，會有很多艱難險阻，所以要有心理準備。

【假如你多選C】
你是一個漂亮而規矩的人，容易適應城市生活，且懂得趕時髦又不落俗套。你喜歡有人喝采的感覺，時尚場所對你來說沒有任何祕密可言，逛街對你而言是最閒適的散步。你對自己的要求很高，因此面臨的壓力也很大，別忘了利用假期去感受大自然和原野的新鮮空氣，充滿愛意的激情夜晚對你來說也是不可或缺的。

24 巴納姆效應

> 人常常迷失在自我當中，很容易受到周圍資訊的暗示，並把他人的言行作為自己行動的參考；常常認為一種籠統的、一般性的人格描述十分準確地揭示了自己的特點。心理學上將這種傾向稱為「巴納姆效應」。

效應精解

「巴納姆效應」源於一位名叫蕭曼‧巴納姆的著名雜技師，他在評價自己的表演之所以受歡迎時說，因為節目中包含了每個人都喜歡的成分，所以「每一分鐘都有人上當受騙」。心理學的研究揭示，人很容易相信一個籠統的、一般性的人格描述，並認為這種描述特別適合自己，並準確地揭示了自己的特點，即使內容空洞無奇。心理學上將這種傾向稱為「巴納姆效應」。

從眾心理是巴納姆效應的典型。其實，人在生活中無時無刻不受到他人的影響和暗示。比如，在公車上有人張大嘴打了個哈欠，他周圍也會有幾個人忍不住打起了哈欠。有些人沒打哈欠是因為他們受的暗示性不強。哪些人容易受暗示呢？可以透過一個簡單的測試看出來。讓一個人水平伸出雙手，掌心朝上，閉上雙眼。告訴他現在他的左手上繫了一個氫氣球，並且不斷向上飄；他的右手上綁了一塊大石頭，向下墜。三分鐘以後，如果他雙手

間的差距越大，則受暗示性越強。這是一個很有趣的現象，從心理學上來說，這種暗示來自於潛意識，是由於短時間內對自己認知不良造成的。

早在兩千年前，古希臘人就把「認識自己」作為銘文刻在阿波羅神廟的門柱上。然而時至今日，人們不能不遺憾地說，「認識自己」的目標距離我們仍然還很遙遠。認識自己，心理學稱自我知覺，是個人了解自己的過程。在這個過程中，人更容易受到外界資訊的暗示，從而出現偏差。人既不可能每時每刻都在反省自己，也不可能總站在局外人的角度來觀察自己，往往是借助外人看法來認識自己。

看街頭算命師個個神神祕祕、高深莫測的樣子，其實他們就是利用人們容易受心理暗示的影響，說一些模稜兩可、能進能退的話，使人覺得真是神機妙算，看透了一切，進而對他們所說的話深信不疑（後文會有較為詳細的解說）。有些人明明沒有得病，卻非要把自己的感覺和書上的描述「對號入座」，最後竟然得出自己有不治之症的結論，這都是巴納姆效應在作祟。

下面有十個小問題，看看你的答案是什麼？

1. 你有自我批判的傾向？

2. 你的某些抱負往往很不現實？

3. 你很需要別人喜歡並尊重你？

4. 你喜歡生活有些變化，厭惡被人限制？

5. 你有時懷疑自己所做的決定或所做的事是否正確？

6. 你認為在別人面前過於坦率地表露自己是不明智的？

7. 你有時外向、親切、好交際，有時則內向、謹慎、沉默？

8. 你與異性交往有困難，儘管外表顯得從容，其實內心焦躁不安？

9. 你以自己能獨立思考而自豪，別人的建議如果沒有充分的證據你不會接受？

10. 你有許多可以成為優勢的能力沒有發揮出來，同時也有

一些缺點，不過你有信心克服它們？

　　以上這十個小問題其實是心理學家用過的小測試，大多數人看到這樣的描述，都會覺得它非常適合自己，但這是一頂套在誰頭上都好看的帽子，如果你的回答基本上皆「是」，那麼，你已經中了巴納姆效應的圈套。

　　要避免巴納姆效應帶來不良影響，我們應該充分蒐集資訊，對所認識的事物做多方位、多角度的觀察和客觀、真實地分析，不輕易聽信他人的結論和判斷，要有自己的主見和想法。

算命真有那麼「準」嗎？

　　巴納姆效應在生活中應用範圍很廣，拿算命、看相、解夢等來說，很多求教於此道的人都會認為說得「很準」。其實，這是他們本身缺乏自信，很容易接受外界的心理暗示，尤其是聽到模稜兩可的話，自己就主動「掉入陷阱」，從而認定所指的就是自己，以致改變既定的計劃。

　　從前，有個秀才去趕考，到了京城，在一家客棧投宿。快考試了，他心裡非常緊張，晚上做了三個夢：一是夢見自己在牆頭上種白菜；二是夢見自己戴著斗笠在打傘；三是自己和表妹（已訂親）裸體背對背睡覺。第二天醒來他的心情很鬱悶，到大街上找了一個算命先生給自己解夢。秀才把夢一說，算命先生道：你夢見在牆頭上種白菜，這是白費勁；二是戴著斗笠在打傘，不是多此一舉嗎？三是裸體背對背和表妹睡覺，那是沒有戲啊。秀才聽了他的話覺得有理，就回到客棧打包準備回家。店老闆看到了，問秀才：「考試快到了，你怎麼要走啊？你不是來考試的嗎？」秀才把自己的夢和解的夢給說了。店老闆聽了笑著說：「我也會解夢，你聽我說，一是牆頭種白菜是說你高種（中）；二是戴著斗笠打傘，那是有備無患；三是背對背和表妹裸體睡覺說你翻身的時候就要到了。」秀才聽了也對，就聽從店家的勸

告，精神振奮地去參加考試，結果高中探花。

這個故事告訴我們，一個人在自信不夠的情況下，思路很容易受到別人的影響，這也是巴納姆效應的表現。當人的情緒處於低落的時候，就會對生活失去控制，缺乏安全感。安全感不足的人，對外界資訊的依賴性大增，更快接受他人施加的暗示。

有些人對前途茫然，往往不相信自己的判斷，總是希望找個算命、看相的先生來算一算，看一看，其實這已經為巴納姆效應的實現提供了前提。而那些算命看相之人正是善於察言觀色之人，他們能夠揣摩旁人的內心感受，只要稍微抓住重點，求助者就會感受到一種精神慰藉。接下來再說一些無關痛癢的話，便會使求助者深信不疑。這種心理暗示在生活中普遍存在，最常見的就是利用人性心理弱點進行的詐騙。要防止此種效應帶來的危害，就要清醒地認識自我，進而明白騙子們的「玄機」，自然就不會被他們的花言巧語所迷惑了。因此，無論什麼時候，相信自己，對自己充滿信心才是破解迷惑的不二法門。

認識自己，走出巴納姆迷霧

巴納姆效應告訴我們：一要認識自己；二要自信，不迷信。我們之所以在乎別人的評價和態度，就是因為還不夠了解自己。只有自行掌握生命的航向，才能不受他人軌跡的影響。

古希臘神話中，有一個名叫斯芬克斯的獅身人面女妖，坐在底比斯城附近的懸崖上，向路過的人提出一個謎語——什麼東西早晨用四條腿走路，中午用兩條腿走路，傍晚用三條腿走路？路過者任何一題猜不中，就要被她吃掉，無數人因此而喪生。最後伊底帕斯解開疑惑，謎底是人。這個謎語把人的一生濃縮為一天的經歷，嬰兒呱呱墜地，一開始只能在地上爬；接著用兩條腿走路；老年時步履蹣跚，要借助拐杖才能行走，所以是四條腿——兩條腿——三條腿。

如果你能站在另外一個角度來認識自己，這個謎語就不難了。再看一個故事。

理查每天中午幾乎定時在工廠對面的鐘錶店出現，抬起手腕上的錶與牆上的掛鐘對一下，然後匆匆離開。有一天，鐘錶店老闆問他：「為什麼你每天中午到我店裡對時間呢？」理查回答說：「我是對面工廠的領班，每天中午要拉鈴通知工人們吃飯。我怕手錶的時間不準而被工人抱怨，所以每天來你這裡對一下。」老闆大吃一驚：「不會吧，我店裡所有鐘錶的時間都是以你們工廠的鈴聲為準啊！」

當你跟別人比時，是否考慮過別人也正以你為參考呢？如果別人比你差或者與你相差無幾，你就會安於現狀，不思進取。其實，人最大的敵人是自己，鞭策自己才會不斷進步。每個人的成長經歷不一樣，思維方式也不一樣，理想、目標、信念等更有天壤之別。我們不能像照鏡子一樣，隨便拉個人作為參考。這樣只會給自己帶來錯覺，甚至做出錯誤的判斷。

小毛驢和小猴子共同生活在一個人家。一天，小猴子玩得高興，就爬上主人家的房頂，上蹦下跳的，主人一個勁地誇牠靈巧。為了得到主人的獎賞，小毛驢也費了好大的勁爬到了房頂，但卻把屋瓦給踩壞了。主人見狀，便大聲喝斥，並打了牠一頓。小毛驢很委屈：「為什麼小猴子能上房，而且得到誇獎，我卻不能呢？」其實，這是因為牠沒有認清自己。

那麼，我們該如何走出巴納姆迷霧呢？

1. 經常自我反省

曾子曰：「吾日三省吾身。」只有經常進行思考、反省，才能更清楚地了解自己。

2. 在他人的評價中認識自我

當局者迷，旁觀者清，往往別人的看法是更客觀的。不但要

聽取別人好的評價，更要學會接受批評。有一句詩說得好：「不識廬山真面目，只緣身在此山中。」

3. 檢視自己有哪些成績

一般來說，成績直接體現了自身的價值。這裡所謂的成績，是指個人對家庭、團體、社會乃至國家的貢獻度；只要成功扮演自己的角色，就算是好成績了。

另外，還有幾個方法可以避免巴納姆效應在自己身上發生。

1. 警惕萬能描述

巴納姆效應最大的特點即是萬能描述，這往往是一些騙子的制勝法寶，如果能看穿這一點，就可以遠離陷阱。

2. 注意那些顯而易見的錯誤

人們的知覺具有選擇性，往往先選擇那些自己期待的結果，從而忽略了一些明顯的錯誤。所以，注意那些顯而易見的錯誤是對付巴納姆效應的良方。

3. 保持積極心態

積極心態可以使人產生積極思維，而積極思維可以增強自身力量，避免陷入巴納姆效應的影響。

巴納姆效應與心理測驗

人們會用從眾心理來參加測驗，因此，不一定準確。

絕大多數非心理類的網站之所以熱衷心理測驗，並不是要幫專家的忙，也不是為了讓廣大民眾更了解自己的內心世界，而是當做調味品，來增加網路大餐的色香味，以吸引上網的人，提高

網站流量。因此，這些網站將科學的心理測驗與非科學的血型、星座、生肖等扯在一起，也就不足為怪了。

然而，現實生活中，我們還是需要這些「心靈之鏡」——心理測驗的。在現在這個推崇「一切從心開始」的年代裡，人們對心理測驗愈來愈感興趣，愈來愈依賴。緊張的職場競爭、快速的生活節奏，使一些人「忙忙忙，盲盲盲，茫茫茫」，忙得分不清歡喜和憂傷，盲得不知道自己的模樣，茫得不辨東南西北方向。這一切都使得了解自我變得很重要，許多人都希望給自己的心靈照照鏡子。另一方面，時代崇尚「精確」，有人倡導用數位來量度一切，社會的發展狀況要用精確的指標來衡量，人的心理活動也要用數位來表徵。可以說，今天的心理測驗已經成為人們認識自己和了解他人的重要方式。但是，大多數的心理測驗它們頂多可以說是趣味心理遊戲，根本不能作為科學的測試工具。

真正的心理測驗究竟是什麼呢？

正規的心理測驗是心理學研究的結晶，是一種科學的方法。但在其發展過程中，曾走向兩個極端。一個是測驗萬能論，無人不用，無所不用，盲目崇拜，甚至以一次測驗成績定終身，以致泛濫成災；另一個是測驗無用論，認為誤差大，沒有科學性，對其全盤否定、視若禁區。反思歷史，心理學家告誡人們要以科學、嚴肅的態度對待心理測驗，既不能肯定一切，也不能否定全部，既要充分重視心理測驗的發展與應用，也要對心理測驗的局限性有所認識。正如著名心理學家潘菽教授所言，心理測驗是可信的，但不能全信；心理測驗是可用的，但不能完全依賴它。

正規心理學中所使用的心理測驗都有它的實施原則：

1. 要由接受過專業訓練的人員進行操作

正規的心理測驗不是每一個人都可以進行操作的，只有經過專業培訓的人才有資格。

2. 對測驗內容及評分原則的保密要求

一個標準化的心理測驗，如果其內容和評分方法被非專業人員掌握，那麼就會使測驗的準確性大打折扣。所以，要對測驗內容及評分原則保密。智力測驗對內容的保密性要求較高，人格測驗、動機測驗等保密性要求相對較低。正是保密性這一要求，才使讀者在大眾性期刊和書籍上見不到完整的標準化心理測驗。

3. 對測驗結果需要進行科學解釋

心理測驗本來是為心理診斷和心理治療服務的，測驗結果得以科學解釋，有助病情診斷；但是不合格、不精確的解釋，則有可能使情況變得更糟。

4. 測驗由不稱職的人來使用，很可能變成「害人測驗」

一個同樣的心理測驗得分，可因受試者不同的生活環境、文化背景和受試時精神狀態的不同，而產生差異很大的解釋。如果心理測驗由不稱職的人來使用，很可能變成「害人測驗」，給當事人帶來心理上無法抹滅的傷害。

5. 不能濫用心理測驗

心理測驗的應用有特定的適應指標，比如在心理疾病、心理障礙、升學就業、生涯規劃、應徵招聘等事務中，都需要借助形形色色的心理測驗來考察人的個性品德、心理特徵、精神狀況及潛在的需要與能力等。如果不分時間，不分事件，一律迷信心理測驗，則必然會導致很多不良後果。

所以說，當我們平時在做一些非正規的心理測驗時，最好抱著遊戲的心態，不可當真。否則，就難免落入巴納姆效應的陷阱，害了自己。

測驗一 **你相信算命之言嗎？**

在醫院做完體檢後，醫生告訴你「有些營養失調，需要注意」時，你會如何？請從以下四項中，選出你的反應。

（　）A. 今後注意每天的膳食

（　）B. 服用維生素之類的補充品

（　）C. 認為醫生誤診，再去看別的醫生

（　）D. 不以為然

答案解析

【選擇 A】上當機率20%
對自己信心十足，即使被算命的說是凶，也不大在意，依然不改變正常的生活。

【選擇 B】上當機率75%
對自己沒有信心，如被算命的說壞，就設法到處除厄，求得化凶趨吉，否則心裡會不得安寧。

【選擇 C】上當機率90%
為算命之言驚惶慌張，因而不得不求神問卜，甚至迷信到走火入魔。

【選擇 D】上當機率0%
你是個無憂無愁的人，整日清閒自在，隨遇而安，即使天塌下來，也無動於衷，更會對算命之言一笑置之。

你相信命運嗎？

　　在人生的旅程中，很「背」時不免感嘆造化弄人。對於運氣和倒楣，你通常會以何種心態去面對呢？

　　想像你正獨自一人拾階而上，到山上的寺廟燒香，這時候你首先會看到什麼？

( )A. 一隻小貓

( )B. 一隻小狗

( )C. 不相識的人

( )D. 廟裡的和尚

答案解析

【選擇 A】
對於命運，有點相信又有點不相信。

【選擇 B】
在很好運或很倒楣時才有點相信命運。

【選擇 C】
好運時似乎忘了命運為何物，倒楣時就感嘆上蒼的不公平。

【選擇 D】
對於命運的內涵有著深刻的體會，時常湧現某種宿命的觀感。

25 超限效應

一般說來，在強烈刺激的持續作用下，人的感覺會降低、遲鈍。刺激過多、過強和作用時間過久而引起心裡極不耐煩或反抗的心理現象，被稱為超限效應。

效應精解

一個叫丁丁的孩子要把愛嘮叨的媽媽擺在商店的櫃檯上，像其他玩具一樣賣掉。因為「媽媽太囉嗦——吃飯時她說：『丁丁，小心別噎著！』結果我真的噎著了；過馬路時她說：『丁丁，小心別摔跤！』結果我一分神，真被小螞蟻絆了一跤！」丁丁覺得整天跟這樣的媽媽在一起，是一件很累的事，所以要把她賣了。後來出現了想買媽媽的男孩和女孩，可是看了「產品說明書」後，他們說：「媽媽愛囉嗦，養起來會很麻煩的。」結果，不要錢白送，喜歡東念西念的媽媽都沒人要。這則童話反映了孩子們的心態：嘮叨的媽媽真讓人煩！為什麼「嘮叨媽媽」讓孩子煩？俗話說：「好菜連吃三天惹人厭，好戲連演三天惹人煩。」所以，「嘮叨媽媽」讓孩子煩是很自然的事。

同一刺激對人的作用時間過長、強度過大、頻率太多，會使神經細胞處於抑制狀態，讓人產生極不耐煩的現象，心理學家稱之為超限效應。這一效應來自於一個關於馬克·吐溫的小故事。

美國著名幽默作家馬克‧吐溫有一次在教堂聽牧師演講。最初，他覺得牧師講得很好，讓人感動，準備捐款。過了十分鐘，牧師還沒有講完，他有些不耐煩了，決定只捐一些零錢。又過了十分鐘，牧師還在嘮嘮叨叨，於是他決定不捐了。後來牧師終於結束冗長的演講，開始募捐時，馬克‧吐溫由於氣憤，不僅未捐錢，還從盤子裡拿走了兩塊錢。

古人云：「入芝蘭之室，久而不聞其香；入鮑魚之肆，久而不聞其臭。」說的正是這個道理。感官在接受外界刺激時，也有一個適應過程，可以使感覺性提高，也可以使感覺性降低。

有一個真實的故事很能說明問題。有一位樂師被家財萬貫的大富翁請到家中表演，其中一曲音樂令富翁心曠神怡。富翁心想世上竟有如此美妙之聲，便對樂師說：「如果你能留下來，天天為我演奏這首曲子，我給你的終生報酬是百畝良田。」樂師接受了富翁的條件。於是，每天天一亮他就給富翁演奏那首曲子，直到熄燈睡覺。一開始富翁還沉浸在愉悅的心情裡，但三天三夜後，他有點煩了，到了第四天，受不了了。第五天再聽到這首曲子，不但感受不到優美的韻味，反而全都變成令他煩躁不安的噪音。無奈，富翁要把樂師打發走。可是他不走，還是天天演奏那首曲子，因為他還沒拿到酬勞！這就是超限效應造成的後果。

超限效應還常出現在管理工作中。當某人做錯事後，管理者如果一次、兩次、三次，甚至四次、五次重複地對一件事作同樣的批評，使他從內疚不安變得不耐煩，變得反感討厭，被逼急了，還會出現「我偏這樣」的反抗心理和行為。因為他一旦受到批評，總是需要一段時間才能恢復心理平衡，受到重複叨念時，內心便會嘀咕：「怎麼這樣對待我？」挨罵的心情就無法平復，反抗心理就高亢起來。

可見，管理者對下屬的批評不能超過限度，應對下屬「犯一次錯，只批評一次」。如果非要再次批評，也不應簡單重複，要換個角度，換種說法。這樣，他才不會覺得同樣的錯誤被「念念

不忘」，厭煩心理、反抗行為也會隨之減少。

物極必反，欲速則不達

有專家認為，人的心理都有承受的限度，心理學上將這種限度稱為閾限。當某種刺激過多過強，超過一個人所能承受的最低閾限時，會造成人的心理疲憊，形成沮喪、懊悔等負面情緒。這時人們為了保護自己，就如彈簧一樣將壓力反彈回去，而產生超限效應，表現出不耐煩甚至反抗的行為。這就說明了「物極必反，欲速則不達」的道理。

從前，有兄弟倆人，在家裡各自養了一隻幼鴿，想把牠們訓練成信鴿。過了一段時間，鴿子長大了，兄弟倆便決定帶著鴿子放飛。哥哥走了一里路就把手中的鴿子給放了。弟弟見了想：哥哥的眼光太淺，我的鴿子起碼要帶到百里外的地方再放。哥哥放飛的鴿子回來後，他又把牠帶到十里之外的地方去放，然後，又到百里外去放，逐漸地延長鴿子飛行的距離，後來這隻鴿子飛到千里之外還能飛回來，終於鍛練成非常出色的信鴿。然而，弟弟的鴿子呢？第一次放出去之後就再也沒有回來了。

看完上面這則故事有什麼感想嗎？做事千萬不要急於求成，而要一步一步地慢慢來。弟弟因為急著看見成效，最終一無所獲。所以，無論做什麼事情，我們都應該循序漸進，因為心急是吃不了熱豆腐的。

再看一則媒體報導。

某市一黃姓果農為了使自己的柑橘能提前上市賣個好價錢，盲目使用了某廠商生產的「增色防裂劑」來催熟，結果造成橘樹大量落葉落果，損失慘重。後雖經雙方協調達成賠償協定，但這位果農仍然得不償失。據農業專家說，水果催熟可以提前上市，有機會賣個好價錢，獲得較大經濟效益。然而，物極必反，經過催熟處理可能會降低水果品質，得不到消費者青睞，最

終影響經濟效益。另外，如果過量使用催熟藥劑對人體沒有任何好處，而且催熟水果不應該建立在犧牲品質上。這樣做的目的無非提前上市，形成「人無我有」的優勢，但是，如果大家都群起效尤，則失去了催熟的初衷，最終導致的結局就是「吃力不討好」。

另外，超限效應對於廣告宣傳也有同樣的啟示。一個創意很好的廣告，第一次被人看到的時候，令人驚豔不已；第二次被人看到的時候，會讓人用心注意到它宣傳的產品和服務。但如果在短時間內大密度轟炸的話，就會招人厭惡。所以，廣告宣傳需要配合一定間隔，才能適度刺激消費者的感官，達到應有的目的。

回到管理層面中的超限效應。作為領導者，在指導下屬或幫助同事的時候，也要講究藝術。關於一個問題，可能是你指出他的一個毛病，也可能是你給他的一個建議。要抓住機會一次說透，然後給他時間領會和接受。過一段時間還沒有改善的話，可以再找一個非正式環境提醒他，點到為止，如果他沒有反駁，就表明他是會接受，以後你要做的就是在時間上給他些壓力。切忌就一個問題在短時間內三番五次提醒，反覆向他強調，這樣，你很容易得到「婆婆媽媽」的雅號，還讓他見到你便退避三舍，不利於日後的溝通與共事。

由此可見，人們在任何方面都應當注意「度」這個問題。如果「過度」就會產生超限效應，如果不及又達不到既定目的。因此，我們一定要掌握好火候、分寸、尺度，才能恰到好處，避免「物極必反，欲速則不達」的超限效應。

成功的演講應短一些但言簡意賅

我們在工作和學習中，常常會遇到一些需要演講的場合，這時，最重要的是避免超限效應。如果想做一次成功的演講，可參考以下幾點：

1. 短一些

演講時，因為時間有限，所以需要控制長度。特別是言之無物，卻喋喋不休，必然會讓人生厭，即使內容很充實，如果太長，也會讓聽眾受不了。與其長而不當，還不如簡短一些，反而能夠給人留下深刻印象。

演講短一些未必不能把問題說清楚，短，一方面能讓聽眾意猶未盡，一方面能表現出演講者的概括能力。有這樣一個例子。一個演講者上台後慷慨激昂地說：「我演講的題目是『堅守崗位』。」說罷，便下了台。在聽眾疑惑不解甚至感到有些氣憤時，他又走上了台說：「如果不能容忍我在演講時離開講台的話，那麼，在工作時間擅離職守的人難道不應該譴責嗎？我的演講完了，謝謝大家。」這時，聽眾發出熱烈的掌聲。

這個演講可謂是短中之最，而且還很經典，真正讓聽眾有了意猶未盡的感覺，熱烈的掌聲也正說明他的演講是成功的。演講者的話不多，但他能借助下台這個行動，來說明自己演講的內容，雖然簡短，卻鏗鏘有力，因而給聽眾留下了極其深刻的印象。此外，演講時一定要有話則長，無話則短，即使內容充實，也不宜太長。這才是演講成功的關鍵。

2. 在開始的三分鐘抓住聽眾

做一場報告，或是進行一場演講，開始的三分鐘很重要。你必須在三分鐘內進入你的主題，抓住你的聽眾。整個演講過程要邏輯清晰，層層推進；語調有抑揚頓挫，意境深入淺出，力求在「中場」也產生「三分鐘效應」。在一個大型的論壇上，更要控制好自己的時間，時間一長，聽眾的精神會疲勞，注意力會分散。小學一堂課在四十分鐘左右，大學一堂課約五十分鐘，這是經驗的結晶。

3. 語言簡潔有力

　　有句話是這樣講的:「話說三遍是嫌言。」一九四五年,羅斯福第四次連任美國總統。一位記者採訪他,請他談談感想,羅斯福微笑著沒有回答,卻拿起一塊三明治,很客氣地請記者吃。記者受寵若驚,十分愉快地吃了下去。羅斯福繼續微笑著,請他吃第二塊,盛情難卻,他又吃了下去。不料總統又請他吃第三塊,記者實在吃不下了,但還是勉強吞下。沒想到,羅斯福在記者吃完之後又說:「請再吃一塊吧!」記者一聽差點昏倒,因為他已經有要嘔吐的感覺了。羅斯福說:「現在,你不要再問我感想了,因為你自己已經感覺到了。」

　　以上是演講時需要注意的幾點,如果能夠好好運用,就一定能避免超限效應,造就一次成功的演講。

測驗　你是個愛嘮叨的人嗎？

如果你是一個老太太，第一次出國，你覺得把現金藏在哪兒比較安全？

(　) A. 襪子或鞋裡

(　) B. 胸罩裡

(　) C. 內褲裡

答案解析

【選擇 A】

你嘮叨的功力實在太差，通常只有被嘮叨的份。自以為很會說教，可是你只要說一句，你的朋友就可以說二十句，你說了二十句人家已經說了兩百句，所以你還沒有來得及反應的時候，別人已經嘮叨得讓你的腦袋快要爆炸了。回家多練習練習，才有機會多說兩句。

【選擇 B】

你一開口就停不下來，不管對誰都能來個嘮叨大拼盤。骨子裡就有嘮叨的個性，所以開口的時候，就恨不得把所有的經驗都說給對方聽，而且是自己說得很爽，不管對方到底喜不喜歡。請注意，偶爾嘮叨一下就行了，不要沒完沒了，否則別人會敬而遠之。

【選擇 C】

愛之深，念之勤，只對你重視的人才會嘮叨。很關心小孩、家人或是你覺得親近的人，希望他們不要受苦，不要碰到太多波折。你會以一個長輩的心態去呵護他們，不過往往會給人很嘮叨的印象。

26 登門檻效應

人們都有保持自己形象一致的願望，如有助人、合作的言行，即便別人後來的要求有些過分，也會勉為其難接受。所以，希望他人接受一個很大的，甚至是很難的要求時，最好先從小要求開始，才比較容易讓他接受更高的要求。

效應精解

登門檻效應又叫得寸進尺效應。我們在形容一個人貪得無厭時，常常會用到「得寸進尺」這個詞。在印象中，它是一個貶義詞。但是，如果我們在它後面加上「效應」兩個字，並得當地應用到實際之中，就能夠傳達出另外一種訊息。

登門檻效應源自美國社會心理學家弗里德曼與弗雷瑟於一九六六年所做的「無壓力的屈從——登門檻技術」現場實驗。實驗者讓助手們分別到Ａ、Ｂ兩個社區勸大家在自己門前豎一塊寫有「小心駕駛」的大警示牌。助手們在Ａ區直接向人們提出要求，結果接受豎牌的僅有17%。助手們在Ｂ區分時分層進行：先請求居民在一份贊成安全駕駛的請願書上簽字，結果幾乎所有人都答應並完成這一小小要求；幾周後助手們再向他們提出豎牌的詢問，結果接受者竟達到55%。

這個實驗說明的，就是登門檻效應。即人們都有保持自己形

象一致的願望，如有助人、合作的言行，即便別人後來的要求有些過分，也會勉為其難接受。登門檻效應告訴我們，希望他人接受一個很大的，甚至是很難的要求時，最好先從小要求開始，才比較容易讓他接受更高的要求。

為什麼會出現這種情況呢？這是因為人一旦接受了一個微不足道的要求後，為了避免認知上的不協調，或想給他人前後一致的印象，就有可能接受更大的要求。這種現象，猶如登門檻時要一級一級地上，才能更容易、更順利地登上高處。因此，接踵而來的可能是不合理、很麻煩、難度高的請求了。為他人提供幫助之後，再拒絕就變得困難，也會產生一種「反正都已經幫了，再幫一次又何妨」的心理。於是，登門檻效應就發生作用了。

心理學家普利納也曾做過類似的實驗。某一天，他走上街頭，直接要求多倫多市民為癌症學會捐款，成功率為46％。後來，他又把請求分成兩步：第一天先請人們戴一個紀念章為癌症慈善捐款做宣傳，每個參與者都同意了。第二天，請這些佩戴紀念章的人捐款，成功率為 90％。

以上實驗說明，對登門檻效應的利用是改變人們態度和行為的一種有效手段。研究者認為，人們拒絕難以做到的或違反意願的請求是很自然的；但一旦對於某種小請求找不到拒絕的理由，就會增加同意的傾向；而當捲入了這項活動之後，便會產生相關的態度。這時如果拒絕後來更大的要求，就會出現認知不協調，於是恢復協調的內部壓力就會促使他繼續奉獻下去，並使自己的態度轉變成為持久的支援。

做事情要一步一步來

登門檻效應揭示做任何事情都應循序漸進，不可急於求成，只有穩步向前，才有堅實的基礎。萬丈高樓平地起，羅馬不是一天造成的，事業的成功只有經過一步一腳印的踏實付出，只有經

過放棄幻想的扎實奮鬥，只有經過艱辛困苦的披荊斬棘，才能戰勝一切達到成功的彼岸。就像農民種田，春天要鬆軟土壤，下種拔苗；夏天要除草追肥，引水灌溉；秋天要收穫果實，顆粒歸倉；冬天還要儲藏來年的種子，準備過一個殷實的新年。事情得按部就班，不可能未經耕耘就有收穫。這些都可以說是登門檻效應的積極意義。

有個小和尚跟師父學武藝，但師父什麼也不教他，只給他一群小豬，讓他放養。廟前有一條小河，每天早上小和尚要抱著一頭頭小豬跳過河，傍晚再抱回來。後來他在不知不覺中練就了卓越的臂力和輕功。原來小豬一天天長大，小和尚的臂力也在不斷地增長，這才明白師父的用意。其實，這也是登門檻效應的應用。

登門檻效應反映出人們在學習、生活、工作中普遍具有避重就輕、避難趨易的心理傾向。據報載，在一次一萬公尺長跑比賽中，某國一位實力普通的女選手勇奪后冠。記者紛紛問其訣竅，她說：「別人都把一萬公尺看做一個整體目標，我卻把它分成十段。在第一個一千公尺時，我要求自己爭取領先，這比較容易做到；在第二個一千公尺時，我也要求自己爭取領先，這並不難……這樣，我在每個階段都保持領先，並超出一段距離，所以拿到最後的勝利，儘管我的實力不是最好。」事後，她的教練說，這正是成功運用登門檻效應的結果。

成功就像爬山，不要妄想一下子飛到頂峰，一蹴而就只是一廂情願的臆想。那些不想付出卻幻想著坐享其成的人永遠是被諷刺的對象。因為成功偏愛那些有想法、敢行動，然後踏踏實實一步接一步的人。

沒有不好的孩子，只有不好的教育

在教育方面利用登門檻效應，也是一個很好的方法。智能較

差的學生作為一個特殊群體，其身心素質和學習基礎等方面都低於一般水準。想轉化他們，就要善於引導，巧搭「梯子」，貫徹「小步子、低台階、勤幫助、多照應」的原則，注意「梯子」依靠的地方要正確，間距不宜太大、太陡，做到不時扶一扶、推一推。

從前有一個財主，他有三個傻兒子，財主不想讓自己的萬貫家產落入他人之手，於是請了一位當地有名的私塾老師來教導。先生雖然答應了財主的請求，不過卻說要先考考他們，合格了才收下。財主聽了頓時傻眼。大兒子先考，先生出了一個上聯：「東邊一棵樹。」讓大兒子對下聯。他用手撓撓後腦勺，嘴裡不停地叨念：「東邊一棵樹，東邊一棵樹……」財主聽了很生氣，急得直跺腳。這時先生說：「這孩子記性好，我只教了一遍就記下了，這個孩子我收下了。」考二兒子時，還是那道題。二兒子隨口說了一句：「西邊一棵樹。」先生立即說：「對得好，他會用西對東，工工整整，這個孩子我收下了。」輪到三兒子了，仍舊是那道對聯。三兒子苦思冥想也答不上來，急得哇哇大哭。財主覺得很丟臉，一旁的先生見狀連忙說：「這孩子我收下了。」財主不明白。先生說：「這孩子答不出來急得直哭，說明他懂得羞恥，所以我也收下了。」

美國成功學大師奧里森‧馬登說：「每個人體內都有偉大的力量，如果你能發現和利用它們，你就會明白，所有夢想和憧憬都會變成事實。」教育孩子時，關鍵是我們有沒有像故事中那個先生一樣擁有一雙慧眼，挖掘孩子的價值，放大孩子的優點。

老師在日常教學中，可以充分應用登門檻效應。比如，對一個不做家庭作業且屢勸不聽的學生，就不能一下子要求他按時、認真完成作業；可以先請他寫完部分功課，只要他做到，哪怕是馬虎的，也給予肯定。再對他的下一次作業，要求書寫比這一次稍好一些，接著再好一些，最後要求他按時完成，且有一定的質量。在這個轉化過程中，學生有了一點成績、一點進步，即使是

微不足道的，也要及時表揚、讚美，淡化他們對自己「成績差」的印象，使之感受成功的喜悅。教育專家認為，沒有不好的孩子，只有不好的教育。每一個孩子都有強烈的求知求學慾望，滿足了這種需求，他們會產生更高的鬥志。只要教師和家長對孩子進行耐心地幫助和指導，他們就會邁出步伐，繼續學習。

登門檻效應的應用

日常生活常有這樣一種現象，在請別人幫忙時，如果一開始就提出較高的要求，很容易遭到拒絕；而如果先提出小要求，別人同意後再增加要求的分量，則更容易達到目標。先得寸再進尺——這就是登門檻效應的應用，以下列舉幾個方面提供參考。

1. 市場行銷的登門檻效應

在我們逛街的時候，常會遇到這樣的情形：一位熱情的售貨小姐向你介紹：「您好，這是今年最新流行款式，您可以試試看。」也許你當時並沒有想買那件衣服的慾望，所以會搖頭表示拒絕。但售貨小姐並不放棄：「我覺得這款特別適合您，您可以穿看看。」你再次搖頭拒絕。這時小姐又開口了：「我賣衣服好幾年了，我根據您的氣質就知道您穿什麼樣的衣服好看，不信您可以試試效果怎麼樣。試完了不買也沒關係，您就當嘗試一下全新的風格，如果真的適合，還可以當成以後買衣服的方向，是不是？」此時，她會一邊說一邊將衣服從衣架上拿下來放在你的手上，並指出試衣間的位置。然後，你就會很自然地拿著衣服去試穿。等你出來後，她會進一步說：「您看，我說得沒錯吧，多漂亮，簡直就像量身訂做的一樣！」……就這樣，糊里糊塗買了那件衣服。

選購衣服時，精明的售貨人員為打消你的顧慮，會「慷慨」地讓你試穿。一旦套上，她就會稱讚衣服很合身，並周到地為你

服務。在這種情況下，你很難拒絕買下。

2. 推銷員的登門檻效應

推銷員喜歡利用這種技巧來說服顧客購買商品，當然不是一開口就賣東西，而是提出一個人們都能或者樂意接受的小小要求，從而一步步地最終達成自己推銷的目的。其實對於推銷員來講，最困難的並非是推銷商品本身，而是如何開始第一步。你讓一名推銷員進到屋裡，他已經成功一半了，即使你開始並不想買什麼，僅僅是想看看他如何表演。有時這種方法的確是個達成自己目標的好法子，尤其是用於和不太熟悉的人打交道的時候。

3. 員工管理的登門檻效應

在要求下屬做某件較難的事情而又擔心他不願意時，就可以使用這個方法。這樣下屬容易接受，預期目標也較能實現。

4. 愛情的登門檻效應

男人遇到一位自己心儀的女孩子，如果馬上要求結婚、共度一生，恐怕會嚇跑對方，或被當成神經病。大多數男士不會這麼莽撞冒失，他們會先邀吃飯、看電影、逛街等，待這些小要求實現之後，感情才會加溫，也才有進一步的可能。

測驗 你適合做什麼樣的工作？

　　周末，你和同伴玩到了深夜才回家，這時，發現大門被鎖了起來，而你忘了帶鑰匙，家人也已經就寢，按門鈴沒有人回應。突然你發現二樓窗戶還亮著一盞燈，你會怎麼辦？

( ) A. 找東西往二樓窗戶扔

( ) B. 繼續拚命地敲門或按門鈴

( ) C. 用鐵絲之類的工具把門撬開

( ) D. 找公用電話打回家

( ) E. 乾脆再找地方繼續玩，天亮了再回家

答案解析

這個測驗的目的在於檢測你遇到問題時的反應，也可以看出你在職場上屬於哪一類人才。

【選擇 A】領導型人才
你非常積極，而且具有侵略性，突發的意外狀況會激起你挑戰慾望。你可以說是越戰越勇，艱苦的競爭場合不會讓你心灰意冷，反而會如魚得水。在職場上你是創業型的人。

【選擇 B】執行型人才
你是一個愛鑽牛角尖的人，遇到問題時會不自覺地陷入一種慣性思考，不斷地重複錯誤的步驟，以致於花很多時間做著沒有效率的事。堅持是值得肯定的，但是選擇變通才是解決困境之道。

【選擇 C】專業型人才

你是一個勇於面對問題、解決問題的人，善於用手邊的資源去解決眼前的狀況。在職場上，這項特質會讓你成為一個擁有專業技能的高手。你勤於充實專業知識，並以專業獲得肯定與成功。

【選擇 D】組織型人才

比起 B 和 C，你是一個很有彈性的人，俗話說：「山不轉路轉，路不轉人轉。」這話用在你身上剛剛好。在職場上你重視的是團體的和諧與人際關係的暢通，若是能在組織部門任職，對你而言是非常適合的。

【選擇 E】創意型人才

你是不按常理出牌的創意才子，條條框框的工作內容會把你悶死，嚴格的管理制度簡直像在和你作對。你天生就不喜歡被控制，習慣隨性地繞著彎走，若能讓創意進行有效的發揮，你就是個很好的創意人才，否則就太散漫了。

27 凡勃倫效應

市場有這樣一個奇怪的現象：某些商品的價格訂得越高，就越能受到消費者的青睞。消費者購買這類商品的目的，並不僅僅是為了直接的物質享受，更大程度是滿足心理的需要。

效應精解

在某家玉器商店，老闆讓櫃台人員把兩副相同的玉鐲標上不同的價格出售，一副兩百元，另一副五百元。年輕的櫃台人員覺得奇怪，就問老闆：「同樣的東西，誰會多花三百元去買？五百元那副能賣得出去嗎？」老闆笑而不答。

不一會兒，一群外地遊客走了進來，五六個婦女開始挑選喜歡的商品。其中一個拿起那兩副手鐲，比來比去。櫃台人員也不知說什麼好，乾脆不予介紹。看了一會兒，那位婦女說：「這副五百元的手鐲我買了，包起來。」她的另一個同伴說：「這副看起來和那副兩百元的好像沒什麼差別。」買鐲子的顧客白了同伴一眼，自信地說：「有差，質地不一樣。」

顧客走後，櫃台人員對老闆說：「她為什麼要買五百元的？這不是明擺著當冤大頭嗎？」老闆說：「我也不知道為什麼，反正我知道願意當冤大頭的人還真不少！」

這個故事反映出一個經濟規律——「凡勃倫效應」。

　　美國經濟學家凡勃倫曾注意到一種「炫耀性消費」現象──購買商品的目的不僅僅是為了直接的物質享受，而更是為了滿足心理的需要。他在《有閒階級論》一書中這樣解釋了「凡勃倫效應」。商品分為兩類，一類是非炫耀性商品，一類是炫耀性商品，非炫耀性商品僅僅發揮了其物質效用，滿足了人們的物質需求；而炫耀性商品不僅具有物質效用，且能給消費者帶來虛榮心理，使他們透過這項商品獲得受人尊敬、讓人羨慕的滿足感。有鑑於此，消費者都會毫不猶豫購買那些昂貴商品來抬高身價。

　　生活中也處處可見如下情景：款式、材質差不多的皮包，在普通的商店賣幾百元，進入百貨公司的專櫃，就要賣到上千元，但總有人願意買。上萬元的眼鏡、十幾萬元的紀念錶、破百萬元的頂級鋼琴，往往也能在市場走俏。消費者購買的目的與心態，不言可喻。

合理的企劃有助於產品的銷售

　　了解凡勃倫效應，就可以利用它來發展新的經營策略。比如憑藉媒體的宣傳，將自己的形象轉化為商品或服務上的聲譽，給予消費者一種「名貴」和「超凡脫俗」的印象，從而加強他們對商品的好感。這種價值的轉換在消費者從數量、質量購買階段過渡到感性購買階段時，就成為可能。實際上，在一些經濟高度發展的國家或地區，感性消費已經逐漸成為一種時尚，只要這種潮流不減，凡勃倫效應就可以被有效轉化為提高市場占有率的行銷策略。

　　話說一位禪師為了啟發徒弟，給他一塊石頭，叫他去傳統市場上賣賣看。這塊石頭很大，很美麗。師父說：「不要賣掉它，你只是試著賣掉它。注意觀察，多問一些人，然後只要告訴我它能值多少銀子就行。」

　　徒弟領了師父的話，便去了市場。市場上有很多人，有一

些看了徒弟的石頭覺得可以當做擺飾，就出了價，想買那塊石頭，但只不過幾個銅板而已，徒弟當然不賣。回來後，他對師父報告：「它最多只能賣幾個銅板。」師父說：「現在你再去黃金市場看看，問問那兒的人，但仍不要賣掉它，光問問價格就可以了。」

徒弟又領了師父的話去了。不久之後，他從黃金市場回來了，很高興地對師父說：「那些人太好了，他們願意拿一千兩銀子來買這塊石頭。」師父又說：「現在你去珠寶市場，低於五萬兩都不要賣。」

於是，徒弟又去了珠寶商那兒。他簡直不敢相信，那些珠寶商竟然願意出到五萬兩銀子來買這塊石頭。這時徒弟仍沒有賣。於是那群買家繼續抬高價格——十萬兩。但是徒弟說：「這個價錢我不打算賣掉它。」他們又出到二十萬兩、三十萬兩。徒弟嚇了一跳：「這樣的價錢我還是不能賣，我只是問問。」他覺得真不可思議：「這些人瘋了！」他自己還是覺得傳統市場的價格已經足夠，但是沒有表現出來。最後，他以五十萬兩銀子的價格把這塊石頭賣掉了。

他回到廟裡，師父對他解釋說：「現在你明白了吧，我是要看看你有沒有試金石的能力。如果你不去要更高的價錢，就永遠不會得到更高的價錢。」

這個故事中，師父要告訴徒弟的是關於實現人生價值的道理，但是從徒弟出售石頭的過程中，我們不難發現，其實是凡勃倫效應在發揮作用。

從凡勃倫效應中，我們可以看到這樣一個情形：商品價格訂得越高，就越能受到消費者的青睞。這是一種正常的經濟現象，因為隨著社會的發展，人們的消費能力因收入增加而提高，逐步由追求數量和質量衍生到追求品味和格調。既然如此，商家完全可以瞄準這個心態，不遺餘力地推動高檔消費品和奢侈品市場的發展，以使自己從中獲得高額利潤。當然，這必須要以質量好為

前提。

作為經營者，在打響品牌過程中也要把握一定的原則，比如：好的質量無法保證獲勝，符合消費者口味才更重要；購買行為中感情因素比理性因素更具決定性；要懂得迎合顧客的喜好和習慣，同時加以引導；不要把自己的感覺凌駕於顧客的感覺之上等。否則，費盡心機卻事與願違。

要警惕凡勃倫效應的華而不實

在凡勃倫效應中，消費的目的已昇華到一種社會心理的滿足，甚至期待獲得大規模的宣傳廣告效應。這種「炫耀性消費」，或者說是「炫耀性投入」，似乎愈來愈受有錢人的歡迎，無論是個人還是企業，都喜歡一頭栽進去。

這樣的事情早已屢見不鮮。一頓飯上萬元，一場領袖培訓營數萬元，聽起來匪夷所思，但不少企業卻樂意投入──「贊助五萬元便可與世界級電影明星、現任美國加州州長的阿諾・史瓦辛格同桌進餐」的消息能吸引許多大老闆前來競標；歐美頂尖商學院推出一項號稱量身訂製世界級CEO的培訓計劃，也吸引不少企業的CEO欣然前往。從「事件行銷」的管理理論來說，個人或企業或許能利用「共宴」、「為伍」等焦點新聞的效應，來獲得一定的商業利益，但卻過分誇大了此類事件的效果，落入了「凡勃倫陷阱」。

企業界的行銷高手比比皆是，但真正的管理將才並不多見。許多大型廠商曾風光一時，無一不精於哄抬吹噓，但最後往往是黯然結束。一個具有前瞻性戰略的企業領袖，應將更多的精力與費用投入到內部組織改造上，而非商業炒作。

公司倒閉雖屬不幸，然而，如果是個人盲目地陷入凡勃倫效應，跌入了炫耀性消費的深淵，那就註定成為「冤大頭」了。

測驗 你容易受騙嗎？

　　假設有一天你不小心在森林裡迷路了，這個時候忽然有四種鳥出現在你面前，並各自停在不同的方向對你說：「出口在這邊啊！」那麼，你會相信哪種鳥呢？

（　）A. 雄鷹

（　）B. 鸚鵡

（　）C. 駝鳥

（　）D. 貓頭鷹

答案解析

【選擇 A】不辨是非

只要別人用嚴肅的表情說話，你就會上當，而且只要以權威的語氣來騙你，你就會立即照做。

【選擇 B】全憑直覺

你表面精明，但判斷全憑外表，只要對方長得一副好好先生的樣子，你就會立刻上當，是典型的「以貌取人」一族。

【選擇 C】憨直老實人

你十分相信熟人，至今被騙過的經驗一定多得數不清，朋友想騙你上當是件很簡單的事。

【選擇 D】警覺性高

你被騙的可能性非常低，因為警戒心很強，對任何事都抱持懷疑的態度，別人若想欺騙你是相當困難的。

28 青蛙效應

反應敏捷、警覺性很高的青蛙能夠自救於沸水，卻葬身於不斷升溫的水中很是耐人尋味。沸水鍋內的青蛙能夠成功逃生，是因為牠感覺到危險，務必要盡其本能及時自救。青蛙在溫水鍋內喪命，實際上是死於缺乏危機意識的麻木之中。

效應精解

十九世紀末，美國康乃爾大學曾進行過一次著名的「青蛙試驗」。研究人員將一隻青蛙放進煮沸的大鍋裡，牠觸電般地立即竄了出去。後來，研究人員又把牠放在一個裝滿冷水的大鍋裡，任其自由游動，然後用小火慢慢加熱。青蛙雖然可以感覺到外界溫度的變化，卻因惰性而沒有立即往外跳，直到後來熱度難忍失去逃生能力而被煮熟。這就是「青蛙效應」。

科學家經過分析認為，青蛙第一次之所以能「逃離險境」，是因為牠受到了沸水的劇烈刺激，於是便使出全身力量跳了出來；第二次由於沒有明顯感覺，因此這隻青蛙便失去了警覺性，沒有危機意識，當它發現不對時，已經沒有能力從水裡逃出來了。

青蛙效應告訴我們，人應該居安思危，因為惰性是天生的，喜歡安於現狀，不到迫不得已多半不願意去改變既有的生活。若

一個人沉迷於這種無波瀾、安逸的日子時，就往往忽略了周遭環境的變化，當危機來臨就只能像那隻青蛙一樣坐以待斃。未雨綢繆是我們應該具有的思維意識，在生活和工作上都是如此——逆水行舟，不進則退。回顧一下過去，當我們遇上挫折和困難時，常常可以激發自己的潛能；一旦趨於穩定，便耽溺於安逸、享樂、奢靡、揮霍，而不斷遭遇失敗。

青蛙效應也適用於對孩子的家庭教育。如果孩子在溺愛與溫室中長大，逐漸養成了享樂的習慣，並認為多大的享受都是應該的，這便是人生的慢性自殺。父母都有疼愛子女的本性，但理性思維也告訴我們，溺愛是滿足父母心理需求的一種行為方式，覺得對子女百求百應、呵護備至才心裡踏實，才能盡到做父母的責任。殊不知，連動物都知道讓幼仔鍛練自立生存的本事，何況我們是有理性的人類？如果一味地滿足自我心理，不顧孩子的成長需求，其實是對孩子的一種傷害。成長應是一件自然的事，該經受的就要經受，雖然不用刻意製造困難讓孩子體驗，但也不應把所有路面鋪平，把路上的沙石撿得乾乾淨淨。如果孩子少經歷了很多阻礙，那麼他未來會很難面對眼前的困難和將來的挫折。

環保專家指出，人類總是忽視青蛙效應，屢屢向自然界挑戰，如自覺或不自覺地破壞生態環境，不斷過量地消耗自然資源。其實，對於每一次這樣的行為，大自然都在對我們進行反撲，但這種反撲通常不是致命的，甚至可能是微弱的。而正是這種非致命的、微弱的警示，使人類長期處於麻木狀態，也就是「慢慢燒火加溫」的量變過程，與青蛙效應如出一轍。當人類所處的環境徹底崩潰之時，青蛙的下場即是人類的下場。

生於憂患，死於安樂

青蛙效應強調的便是「生於憂患，死於安樂」的道理。孟子說：上天要把重責委託給某人，一定要先使他的心意苦惱、筋骨

勞頓、腸胃饑餓、身體窮困，使他的每一次行動都不能如意。很多時候，苦難、逆境，甚至生理缺陷反而能夠產生和造就一些偉大人物，如凱撒、亞歷山大、羅斯福等。很多心理學家認為，壓力是每個人生活中不可缺少的部分，困境的刺激，能使人振作。在先秦的吳越之爭中，吳王夫差驕奢淫逸、縱情享樂，終於被臥薪嘗膽的勾踐所擊敗。

一個人對環境不滿意，唯一的辦法，就是戰勝環境。比如行路，當你不得不走過一段險阻狹窄的道路時，最好的方式是打起精神，克服困難，走過這段路，而不是停在中途抱怨，或索性坐在那裡打盹，聽天由命。

有兩粒種子躺在泥土裡，春天到了，一粒積極向上，破土而出。而另一粒說道：「我沒那麼勇敢，我若向下扎根，也許會碰到岩石；我若向上長，也許會傷到莖。」於是它心甘情願地躺在泥土裡。結果幾天後，它被一隻母雞吃掉了。

看完之後，覺得好像是一個笑話。但笑過之餘，是否能體會出寓意呢？同樣的種子，同一片沃土，卻是不同的遭遇。

一粒種子敢於面對挑戰與困境，破土而出，為自己開創一個美好的未來。而另一粒種子，卻害怕挫折與磨難，甘心躺在「安樂窩」裡，結果埋葬了自己。從辯證唯物主義的觀點出發，可以看出，困難與阻礙雖然會給人挫折，卻也可以催人奮進，給人力量；而安逸與保守雖然可暫時保身，但最終使人墮落而遭淘汰。有一句話說得好：「苦，可以折磨人，也可以鍛練人；蜜，可以養人，也可以害人。」

人因憂患而得以生存，因沉迷安樂而消亡。歷史上很多名人都是在逆境中成長和發展的。周文王坐牢時寫成《周易》，孔子在仕途失意後作了《春秋》，屈原被流放時創作了《離騷》，左丘明失明後著《國語》，韓非子囚在秦國寫《說難》，司馬遷遭宮刑後寫《史記》……可見，磨難對於有志者來說是一筆寶貴的財富。

　　磨難能鍛練一個人的意志，激勵一個人進取，這說明了逆境會造就人才。可是，當真正功成名就時，有的人卻早已「失憶」。古代歷史上許多大貪官、大奸臣也是從逆境中成長起來的，只是當他們經過寒窗苦讀終於取得功名後，就忘記以前的辛苦，只貪圖享樂，最終淪為權力或金錢的奴隸。

居安思危，給自己設定一個遠大的目標

　　有句話說：「平靜的港口，訓練不出精悍的水手；安逸的環境，造就不出時代的偉人。」古今中外有很多流芳百世的名人和繁榮昌盛的國家，都是從憂患之中崛起、強大起來的。反之，如果滿足現狀，耽於安逸，小則導致個人腐化，大則關係到一個國家的衰敗興亡。《論語》中寫道：「人無遠慮，必有近憂。」這也是在提醒我們要時時刻刻居安思危，並且保持憂患意識。

　　丁聰畢業於知名大學英語系，任職某高校對外部門，希望能在國際教育交流領域創出一番事業。他是一個非常刻苦的人，除了每日正常工作外，還利用業餘時間自學市場行銷和電子商務等課程，並主動承擔起部門網站編輯和國際交流活動策劃等工作，成功地舉辦了各項活動，網站質量也受到上司的好評。幾年後，因為部門管理的混亂，而且自己也感覺前途堪慮，於是跳槽到一家國際教育發展投資公司。開始時每天都要出外跑業務，但丁聰只用了一年多的時間就成為公司的業績尖兵，升職做了主管。後來又被安排到市場部門，擔任市場部經理特助。在這以後，他開始全面接觸市場工作，盡心投入，績效非常高。在特助位子上，丁聰充分發揮出自己的特長，特別在市場企劃方面顯示出過人的能力。

　　從這個案例中可以看出，丁聰吸取了青蛙的教訓，以不懈的努力和敢於面對困難的毅力，找到了適合自己的工作，這是他居安思危、樂於奮鬥的結果。

　　金是從烈火中淬煉出來的，人是從憂患中磨練出來的。禍害總是在舒服享受時倏然而至，所以在艱苦的日子裡要堅強，在幸福的日子裡要謹慎。

　　一隻野狼臥在草地上勤奮地磨牙，狐狸看到了，就對牠說：「天氣這麼好，大家都在玩耍遊樂，你也加入我們的行列吧！」野狼看了看，沒有說話，繼續磨牙，把牠的牙磨得又尖又利。狐狸奇怪地問道：「森林裡這麼安靜，獵人和獵狗都已經回家了，老虎也不在近處徘徊，又沒有任何危險，你何必那麼使勁磨牙呢？」這時，野狼停下來回答說：「我磨牙並不是為了好玩，你想想，如果有一天我被獵人或老虎追逐，到那時，我想磨牙也來不及了；而平時就把牙磨好，屆時自然就可以保護好自己了。」

　　其實，做事情本就應該未雨綢繆，居安思危。只有這樣，在危險突然降臨的時候，才不至於手忙腳亂，臨時抱佛腳。泰戈爾曾說過：「請別讓我倖免於遭遇危險，我祈求能面對危險卻無所畏懼。」一個人在困苦之中能衝破人生冰河，在得意之際能戒慎恐懼，才能在快樂與困苦之中，找到一盞明亮的燈，永不迷失方向。

建立危機意識，不做溫水裡的青蛙

　　事物的發展，總有一個從量變到質變的過程。這一過程是漸進的，如同水溫對青蛙的傷害是輕微到感覺不出來。而當後來水溫發生質的變化，即達到沸點時，青蛙即使想跳也來不及了。所以，平時一定要有危機意識，時刻保持警覺，並隨時做出反應。

　　職場上每個人都必須清楚：我們所有的行為準則時刻都處於危機之中，必須把公司潛在的危險規避到最小。任何一個人都可能因失誤或失職而將整個公司拖入泥淖。因此上至高層管理者，下到一般員工，都應居安思危，將危機預防作為日常工作的一部分。

　　據統計，每十年，世界五百強企業中有三分之一是新面孔。製造優秀品牌不難，但要保持不衰卻是無數企業家、經營者的夢想。有很多看似潛力十足的企業在一夕間成名，叱吒風雲三五年，卻往往遭遇一兩個似乎很小的、企業及時防堵就完全可以控制的「小麻煩」後，便如「多米諾骨牌」一樣無情地垮下去，一瀉千里，不可收拾。

　　今天的危機往往就是明天的災難。今天的世界五百強如果沒有進行危機控管，明天就是世界五百差。事實證明，正確看待危機，保持警覺，並採取有效應對措施的公司才可以屹立於全球或行業的領先地位。

　　企業的危機可能源起於生產到行銷、人員到產品的任何一個點上，企劃、策略、銷售、人事、財務、公關、宣傳……任何一個環節出現失誤，都可能引發一場生存的競賽。即使企業的發展一直都是一帆風順，但危機感一分鐘也不能少；這種危機意識會督促員工們更努力地去工作，更往好的方向前進。市場就是戰場，大河有水小河滿，大河沒水小河乾。可以說，企業危機的出現往往是一連串偶然性鏈條上的必然，如果大家都沒警覺性，到時要捲鋪蓋吃自己時還不知道為什麼。時時刻刻繃緊神經、提高戰備的精神才是企業持續發展的財富。

　　一個企業如果沒有危機意識，遲早會垮掉，同樣，一個人如果沒有危機意識，必會遭到不可測的困難與險境。未來是不可知的，人也不會天天走好運，就是因為這樣，我們才要在心理上有所準備，好應付突如其來的變化。或許不一定能把問題解決掉，但卻可將損害降到最低。

測驗 你是否有危機意識？

　　未來對於我們來說無法預測，人也不可能天天中樂透。那麼，現在就來看看你是否有危機意識。

　　一頭乳牛正從牛舍裡出來吃草，請你憑直覺判斷，牠將走到下面哪一處覓食？

( ) A. 山腳下　　　　　　( ) B. 大樹下

( ) C. 河流旁　　　　　　( ) D. 柵欄農舍旁

答案解析

【選擇 A】

你的危機意識很強，甚至有點杞人憂天。也許原來很容易的事，但被你天天惦念著，久而久之也變成困難了。要放開心胸，知道天塌下來還有高個子頂著呢。

【選擇 B】

你是屬於那種高唱「快樂的不得了」的人，一天到晚無憂無慮，總認為「船到橋頭自然直」，沒什麼好怕的。你很樂天知命，天底下像你這麼樂觀的人恐怕已經不多了。

【選擇 C】

你整天迷迷糊糊的，記性又不好，總是要別人提醒你，才會有危機意識，但是一會兒之後，又完全不記得危機意識是什麼東西了。

【選擇 D】

你的確挺有危機意識的，連跟你在一起的人也被強迫一起具有危機意識，這簡直是思想暴力。不過你所擔心的事的確有擔心的價值，也就是說，沒事瞎緊張，反而常常未雨綢繆。

29 異性效應

在一個只有男性或女性的工作環境裡，儘管條件優越，然而不論男女，都容易疲勞，效率也不高。但如果是在異性面前，男性或女性都會非常愉快地完成那些在同性面前極不情願完成的工作，有時還表現得十分勇敢、機智。

效應精解

異性效應是一種普遍存在的心理現象，尤以青少年為甚。其表現為有兩性共同參與的活動，較之只有同性參加，一般會感到更愉快，做得也更起勁，更出色。這是因為異性間心理接近的需要得到了滿足，因而會使人獲得程度不同的愉悅感，並激發內在的積極性和創造力，男性和女性一起做事、處理問題都會顯得比較順利。

在人際關係中，異性接觸會產生一種特殊的吸引力和爆發力，並能從中體驗到難以言喻的感情昇華，這就是有趣的異性效應。在日常學習、工作和生活裡，如果能正確且恰當地運用異性效應，則會收到良好的效果。在請求幫忙和商洽事情時，異性效應不時閃現出獨特的作用，尤其是俊男美女，往往會取得滿意的效果。人們一般對外表討人喜歡、言談舉止得體的異性感興趣，這點女性也不例外，只不過不如男性那麼明顯。有時為了引起注

意，男性還特別喜歡在女性面前表現自己，這也是異性效應在起作用。

　　一般情況下，如果一位漂亮的小姐願意陪男人坐一坐、聊聊天，任何一個心理正常的男人都不會斷然拒絕的，甚至反應遲鈍的會變得思路敏捷，沉默寡言的也能侃侃而談。無數事實證明，除了某些出於陰謀或其他骯髒目的而施用「美人計」外，這種做法有可取之處。有時候，這種異性效應能使素昧平生的雙方在事業和愛情上互相促進。人們在情感上渴望與異性交流，以發現自我、完善自我，從而體驗情感依戀。許多人在意自己在異性面前的表現，特別注意異性對於自己的評價。和異性在一起時，會感到一種無形的約束力在作用，於是檢點自己的行為，表現得友善且樂於助人。這些都是異性效應的結果。

　　異性效應在校園也有影響，如：男生在女生朗讀課文時傾心聆聽，表現出愉悅的神情；女生在作文中，把一個相貌平平的男生描寫得帥氣無比、舉世無雙；同在教室的時候，男孩子溫和有禮，女孩子輕聲細語；男孩子愛在女生面前逞能、不服輸，用帶有冒險性質的「英雄行為」顯示自己的力量；女孩子好打扮，希望得到男生的注意，留下一個深刻的印象。在學校的運動會上，來自異性的「加油」聲會給運動員帶來更大的鼓舞和信心。

　　和異性的交往、相處會使人變得更積極，更樂觀。男人會更注意自己的言行舉止，女人會展現陽光靚麗的一面。異性效應的道德力量是不可以低估的，異性效應對男人女人都是有益的。

　　不過異性效應不能濫用。女性外表漂亮，容易討人喜歡，這是正常的；反之，若為達到某一目的，用色相去引誘別人，那就不道德了。男性對青春、美麗的女性熱情些、客氣些也無可非議，但若把她們當做刺激，想入非非，「色瞇瞇」的，就超過限度了。因此，與異性接觸要把握住「適度」。

男女搭配，工作不累

在對現實生活的研究中，心理學家發現，在一個只有男性或女性的工作環境裡，儘管條件優越，衛生符合要求，自動化程度很高，然而，不論男女，都容易疲勞，效率不高。但如果是在異性面前，男性或女性都會非常愉快地完成那些在同性面前極不情願完成的工作，有時還表現得十分勇敢、機智。這種現象，是比較典型的異性效應作用。

小鄧是一家廣告公司的設計師，自從他在這家公司上班以來，同事就一直只有六位男士。他是一位非常勤奮的人，喜歡持續工作，不斷地產生新的創意。然而，最近這兩年來，他發現自己在工作室待得太久之後，經常會莫名其妙地產生一種無聊、空虛的感覺，而且白天很容易疲勞，創作與設計的靈感也似乎逐漸枯竭。不久之後，小鄧所在的工作室來了一位年輕貌美的工讀女大學生。他發現，只要有這位女大學生在工作室，工作起來就特別帶勁兒，設計案件也特別有靈感，而且還會無緣由地產生一種欣喜感和興奮感。

小鄧這種心理作用，正是我們平時所說的「男女搭配，工作不累」效應。其實我們每個人都可能會有這樣的親身體驗，和異性一起工作總是輕鬆愉快，不容易累。我們絕非好色之徒，這裡多少包含著心理學方面的道理。

美國科學家曾經發現一個有趣的現象，在宇宙飛行中，占60.6％的太空人會產生「航太綜合症」，如頭痛、眩暈、失眠、煩躁、噁心、情緒低落等，而且一切藥物均無濟於事。這到底是為什麼呢？幾年前，在南極考察的澳洲科研人員也得了這種怪病，晚上失眠，白天昏昏沉沉，用了許多方法，均無法治癒。經過調查研究，得出的結論竟是「沒有男女搭配，性別比例嚴重失調，導致異性氣味匱乏」。因此，美國知名醫學博士哈里教授向太空總署提出建議，在每次飛航中，挑選一位健康貌美的女性

參加。誰知，就這麼一個簡單的辦法，竟使一直困擾太空人的難題迎刃而解。

有關專家分析道，和女同事一起工作，會讓男性覺得格外賞心悅目。國外心理學研究揭開了這一現象背後的原因：男性比女性更喜歡透過視覺獲得異性的資訊。容貌、髮型等外部特徵都能引起他們的興趣，對他們的感官造成衝擊，從而引起心理上的愉悅與興奮。此外，男性的表現慾和征服慾往往比女性強，潛意識裡希望得到異性的讚美和欣賞。一旦得到女同事的稱許，男人們的心理將得到極大滿足，自然沖淡了工作帶來的勞累和壓力，所以不感覺到疲勞。

當然，在「男女搭配」工作的時候，也有一些需要注意的地方。首先，要平衡男女的比例。美國心理學家發現，「萬綠叢中一點紅」和「眾星捧月」都不能創造最高的工作效率，女性的比例至少應該達到20％。

其次，不要將曖昧作為提高效率的動力。男女搭配工作，一定要端正心態，彼此只是朋友。如果摻雜過多男女之情，短期看確實可以配合得有默契，但久而久之，工作就會被私人感情所累，難以繼續。

異性朋友讓生活更精彩

心理學另一項研究結果表明，男性的女性度高，更富有創造力；女性的男性度高，智商更高。異性度高的人說明接受了異性的長處，思維更加活躍。因此，我們應提倡異性間的正常交往和相互學習。例如：大多數人結婚後比結婚前成熟許多，這是因為婚後受到對方的影響，雙方的思路都變開闊了，為人處世也變得寬容了。

對於男性來說，絕大多數女性都是最佳聆聽者，她們善解人意，比較容易理解和體貼談話者的處境和苦楚。男性在女性面前

的談吐會變得更坦率，許多在同性面前不願流露的情緒或不能披露的內心隱祕，反而可以暢所欲言。而對於女性來說，男性同樣是最出色的聽眾，一個擁有男友的女性，往往會將自己的一切問題毫無保留地提出，以求得解決的辦法。這是因為男友會對她的困難和感受，顯示出更大的同情和更深的了解。但在同性之間，她們就不易獲得這種反應。

天分陰陽，人分男女。在社會生存，不可能不結交異性朋友。異性友誼是美酒，比愛情更芬芳，比同性更醇香。愛的空間比較狹小，往往本能地帶有自私性；同性朋友的趣味比較單調，而且難免有利害關係；而異性友誼往往是一種輕鬆和廣泛的情感，既無負擔也無包袱。

異性友誼的性別差異，可以是性格的一種互補，也可以是人際關係的一種潤滑。女性軟弱時，男性的鼓舞可以使妳堅強；男性暴躁時，女性的規勸可以使你溫柔；女性憂傷時，男性的開導可以使妳樂觀；男性粗心時，女性的提醒可以使你細緻。性別差異本身就是人的特點，有助於冷靜、理性，能使人濾掉各種盲目和迷惑。

對於異性交往的好處，可以從以下幾個方面來做一個總結：

1. 異性之間在智力上是互補的

科學證明，男女的智力沒有明顯的高下之分，但卻有著類型的差別。比如在思維方面，女人講求實際，思維活動比較具體，而男人更傾向於抽象，更多地用綜合方法對待現實，善於概括，思維往往是離奇和大膽的。

2. 異性之間在氣質上是互補的

男性氣質多反應強，意志堅，一般有更多的戰鬥能力，擅於進攻，富有反抗精神。女性氣質多靈活恬靜，感情充沛，情緒善變，反應快，動作敏捷靈巧。

3. 異性之間可以在情感上相互慰藉

人的感情是極其豐富的，除了愛情，還有同情、親情、感激之情等等，因此異性之間可以有不帶愛情色彩的情感交流，它可以使人感覺到溫暖，達到心理的平衡。

4. 異性之間可以在精神上相互愉悅

有些人交異性朋友是為了娛樂，他們在共同活動中得到精神上的愉悅，接觸多了就成了朋友，如牌友、球友等。在和異性朋友同樂中，會有一種和同性朋友在一起所沒有的自豪、滿足與和諧之感。

然而，異性朋友的交往，比同性更難把握。尤其是婚後與異性交往，更要把握好尺度。對於已婚的人，雖同樣可以有異性朋友，但是彼此之間要提倡最高道德原則，努力做到男女交往不傷害公眾的情緒，不傷害他人的家庭，不傷害身心健康，不傷害隱私權，更不應把自己的幸福建築在別人的痛苦之上。

測驗一　**你受異性的歡迎嗎？**

　　能受到異性的歡迎是件很得意的事，不但獲得友誼，也許還能收穫愛情。做做下面的測試，看看自己對異性的吸引力如何。

（　）❶旅行時，最想去哪個地方？
　　　　　　A 北京→2
　　　　　　B 東京→3
　　　　　　C 巴黎→4

（　）❷是否曾在觀看感人的電影時泣不成聲？
　　　　　　A 是→4　　B 否→3

（　）❸如果你的男（女）朋友約會時遲到一個小時還未出現，你會怎麼辦？
　　　　　　A 再等30分鐘→4
　　　　　　B 立刻離開→5
　　　　　　C 一直等待他（她）的出現→6

（　）❹喜歡自己一個人去看電影嗎？
　　　　　　A 是→5　　B 不→6

（　）❺當他（她）在第一次約會時就要求吻你，你會怎麼辦？
　　　　　　A 拒絕→6
　　　　　　B 輕吻他（她）的額頭→7
　　　　　　C 接受並吻他（她）→8

（　）❻你是個有幽默感的人嗎？
　　　　　　A 我想是吧→7　　B 大概不是→8

（　）❼你是個稱職的領導者嗎？
　　　　　　A 是→9　　B 不→10

（　）❽如果可以選擇的話，你希望自己是什麼性別？

　　　　A 男性→9

　　　　B 女性→10

　　　　C 無所謂→D

（　）❾你曾經同時擁有一個以上的男（女）朋友嗎？

　　　　A 是→B　　　B 不→A

（　）❿認為自己聰明嗎？

　　　　A 是→B　　　B 不→C

答案解析

【結果 A 】

你對異性有很大的吸引力。在他們眼中，你有一股魅力，不只是美麗的外型，而且有幽默和大方的個性。你應該是一個很有氣質的人，而且深諳與人相處之道；你很懂得支配時間，所以在異性之間很受歡迎。

【結果 B 】

你很容易便可以吸引異性，但不容易陷入愛情的陷阱。你的幽默感使得異性樂於與你相處，和你在一起時非常快樂。

【結果 C 】

你並不能特別吸引異性，但仍有一些優點，使異性喜歡跟你在一起。你很真誠，而且對事物有獨特的眼光。在異性眼中，你是一個很友善的人。

【結果 D 】

你並不怎麼能吸引異性。你缺乏淵博的知識，也沒有什麼特別的人格特質。對異性來說，有些俗氣，但不要灰心，找到原因改變一下自己，你也會受到異性的歡迎。

測驗二 你對異性有什麼傾向？

　　有一座海上孤島，因從前有許多海盜出沒，所以島上有好幾個藏寶處，如果讓你去找，你第一個要尋找哪個地方？

（　）A. 火山口

（　）B. 泉水旁

（　）C. 山洞深處

（　）D. 大樹底下

（　）E. 瀑布下的小水池

答案解析

【選擇 A】

對異性有浪漫多情的傾向。火山口有岩漿翻騰，隨時可能噴火爆發。這種高危險性代表多情，也就是用情不專，喜歡濫情，以廣交異性為樂事。平時工作幹勁十足，追求異性，也毫不鬆手。

【選擇 B】

對異性有自戀狂傾向。沒人料到藏寶處會在泉水旁，這表示「只有自己才能領會到的世界」，你愛自己甚於愛別人，喜歡自我陶醉。即使面對心愛的人，也吝於推心置腹。你酷愛孤獨，喜歡一個人獨自享樂。

【選擇 C】

對異性有詭異傾向。山洞裡為人不知的玄祕所在，也意味著不可知與不正常。與異性的關係，喜歡同時主導與被控，反覆出現責難、侮辱與虐待等手法。獨占慾強，以高級研究人員或學者怪人為多。

【選擇 D】

對異性有坦誠相向的傾向。大樹底下是最引人注目的地方，你喜歡讓自己的長處和優點擺在異性面前。也就是說顯示慾強，愛擺門面而不喜歡掩藏自我。當然，你的工作能力也強人一倍。

【選擇 E】

對異性有理性化傾向。瀑布水池有水的「多面透鏡作用」，像是故意眩惑他人視線。簡言之，你有隱藏真正自我的慾望，善於以理性抑制對異性的渴望，但若失去理性，有反彈狂飆的可能。

30 蝴蝶效應

一隻亞馬遜河流域熱帶雨林中的蝴蝶，偶爾搧動幾下翅膀，兩周後，可能在美國德克薩斯州引起一場龍捲風。蝴蝶效應說明，事物發展的結果，對初始條件具有極為敏感的依賴性，一開始的極小偏差，將會引起結果的極大差異。

效應精解

一九六三年十二月，氣象學家洛倫茲在華盛頓的美國科學促進會之一次講演中提出：一隻南美洲亞馬遜河流域熱帶雨林中的蝴蝶，偶爾搧動幾下翅膀，可能在兩周後引起美國德克薩斯州的一場龍捲風。他的演講和結論給人們留下了極其深刻的印象。從此以後，蝴蝶效應之說就不脛而走，名聲遠揚了。

蝴蝶效應產生的原因在於：蝴蝶振動翅膀，導致其身邊的空氣發生變化，並引起微弱氣流的產生，而微弱氣流的產生又會引起它四周空氣或其他系統產生相應的變化，由此引發連鎖反應，最終導致眾多相關現象的極大變化。

蝴蝶效應是令人著迷、讓人激動和發人深省的，其迷人之處不但在於大膽的想像力和美學色彩，更在於深刻的科學內涵和內在的哲學魅力。此效應說明，事物發展的結果，對初始條件具有極為敏感的依賴性，一開始的極小偏差，將會引起結果的極大差

異。

對於蝴蝶效應的含義，我們可以這樣理解：某地上空一隻小小的蝴蝶搧動翅膀而挑動了空氣，長時間後可能導致遙遠的彼地發生一場龍捲風，以此比喻大範圍天氣預報往往因一點點微小的因素造成難以預測的嚴重後果。微小的偏差是難以避免的，從而使長期天氣預報具有不可預測性或不準確性。這如同打撞球、下棋及其他活動，往往「差之毫釐，失之千里」、「一著不慎，滿盤皆輸」。

今天的蝴蝶效應或者廣義的蝴蝶效應已不限於當初洛倫茲的僅對天氣預報而言，而是一切複雜系統對初值極為敏感性的代名詞或同義語。也就是說，初值稍有變動或偏差，將導致未來前景的巨大差異，這往往是難以預測的或者說帶有一定的隨機性。

從貶義的角度看，蝴蝶效應往往給人一種對未來行為不可預測的危機感，但從褒義的角度看，蝴蝶效應使我們有可能「慎之毫釐，得之千里」，從而「駕馭混沌」，並能以小的代價換得未來巨大的「福果」。

蝴蝶效應在社會學的應用說明：一個壞的、微小的機制，如果不加以及時引導、調節，會給社會帶來非常大的危害，戲稱為「龍捲風」或「風暴」；一個好的、微小的機制，只要加以正確指引，經過一段時間的努力，將會產生轟動結果，或稱為「革命」。

在經濟學中，蝴蝶效應是指經濟引數的微小變化可以導致經濟因變數的巨大變化。在外匯交易市場中就有這種蝴蝶效應。它的後果是政策制定者很難掌握他們的決策會造成什麼樣的後果。

蝴蝶效應也是學習型組織理論的重要內容，是現代管理學的重要觀念。它告誡企業管理者，在發展過程中一定要注意防微杜漸，以避免因瑕疵不斷擴大而導致重大的挫折。

一枚釘子與一次刺殺都輸掉一個國家

英國國王理查三世與里奇伯爵亨利準備決一死戰，看誰能統治英國。決戰當天早上，理查派一個馬夫去準備戰馬。

馬夫讓鐵匠給國王的戰馬釘馬蹄，鐵匠說：「前幾天我給國王軍隊的馬全部釘上馬蹄，所有的馬蹄和釘子都用光了，我要重新打。」

馬夫不耐煩地說：「我等不及了，你有什麼就用什麼吧！」

於是，鐵匠尋來四個舊馬蹄和一些舊釘子，把它們砸平打直後釘上國王的戰馬。但最後一個馬蹄只釘了兩枚釘子，因舊釘子也沒有了。馬夫不耐煩，認為兩顆釘子應該能掛住馬蹄，就牽走了馬。

結果，在戰場上，理查的戰馬掉了一隻馬蹄，失足掀翻在地，結果被亨利的士兵活捉了。

由這個故事，形成了一個著名的「釘子」理論，即一枚釘子可以影響一個馬蹄，一個馬蹄可以影響一匹馬，一匹馬可以影響一個戰士，一個戰士可以影響一次戰鬥，一次戰鬥可以影響一場戰爭，一場戰爭可以輸掉一個國家。

馬蹄上一枚釘子是否丟失，本是一種十分微小的變化，但其「長期」效應是一個帝國的存與亡。這就是蝴蝶效應的作用。

對於塞拉耶佛事件，我們並不陌生。

一九一四年六月二十八日，奧匈帝國在其吞併不久的波士尼亞鄰近塞爾維亞的邊境地區，進行軍事演習，以塞爾維亞為假想敵人。六月二十八日是塞爾維亞和波士尼亞聯軍在一三八九年被土耳其軍隊打敗的日子，是塞爾維亞人民的國恥日。奧匈帝國選定在這一天演習是具有挑釁意義的。這次演習由奧匈帝國王儲斐迪南大公夫婦親自檢閱，演習結束後，兩人返回波士尼亞首府塞拉耶佛市區時，被塞爾維亞青年普林西普槍擊斃命。這就是著名的塞拉耶佛事件。德國、奧匈帝國立即以此作為發動戰爭的藉

口，挑起了第一次世界大戰，這一事件遂成為一次大戰的導火線。

一次刺殺導致一次世界大戰，這是蝴蝶效應連鎖反應的結果，也有力地證明了蝴蝶效應的威力。

小松樹釀成大命案

我們來看一個發生在鄰里之間的事件。

多少年來，張、劉兩家一直和睦相處，關係不錯，並沒有什麼深仇大恨，但僅僅是因為一棵樹卻引發了一樁命案，而且是三條人命。

五年前，不知什麼時候，在張二家和劉三家的地界上，長出了一棵小松樹。樹自生自長，沒人管，沒人問，張、劉兩家誰也沒說樹是自家的。五年後，那棵小松樹已長成了碗口粗，兩家人在勞作歇息時，常常會在樹蔭下喝喝水，吃吃飯，乘乘涼，聊聊家常，這時候也沒有誰主張過樹是自家的財物。有一天，張二在蓋豬圈時材料不夠，東找西看，就把主意打在了那棵樹上。於是，他在劉三並不知情的情況下，將那棵樹砍倒拉回家中。

正當張二緊鑼密鼓地張羅著蓋豬圈時，一直在外包工的劉三回來了。當家人告訴他那棵樹被張二砍了，拿回家蓋豬圈的消息後，劉三怒不可遏，當即到張二家大吵大鬧，說樹是他栽的，張二憑什麼把樹砍了拿回家。張二也不甘示弱，反過來說樹是他種的，想砍就砍，劉三管不著。兩人互不相讓，頓時就在張二家院子裡大打出手。人瘦力弱的張二不是身強力壯的劉三之對手，不一會兒就被打得一個勁地求饒。最後在鄉親們的勸合下，由張二賠給劉三一千元了事。

原本關係不錯的鄰居就為了這一棵樹鬧翻了，挨了打又賠了錢的張二感到沒臉見人，好幾天都不願出門。而得了便宜的劉三，還得勢不讓人，非要張二到他家登門道歉，立即把錢給他，

並揚言張二不到他家賠禮，不馬上把錢雙手奉上，他就要找人把張家給廢了。

劉三的話很快傳到了張二的耳裡，讓張二越想越氣，越想越怕。晚上，家人都已入睡，張二站起身來，在家裡來回踱步，思考著明天怎樣對付劉三。

從前門走到後門，從後門走到前門，走來走去，張二的眼睛裡忽然放出光來，他看到了放在牆角那把閃著寒光的斧頭⋯⋯

第二天，張二當面道歉，並說自己沒那麼多錢，但劉三依然不饒。看到對方鐵了心不願放過自己，張二心裡的怒火再也按捺不住，他從腰裡拔出斧頭，追上去朝著劉三的頭上狠狠砍去。劉三一聲慘叫，摔倒在地，渾身抽搐，血像噴泉一樣從後腦勺奔湧而出。張二還不解恨，撲上去接連幾斧，劉三很快氣絕身亡。劉三的喊叫聲驚動了正在屋裡做飯的劉媽媽和孩子，他們急忙出來查看，見狀驚恐地大喊：「殺人了，殺人了，快救命呀！⋯⋯」

已殺紅了眼的張二，一不做二不休，揮著斧頭又撲向劉媽媽兩人⋯⋯

可憐一個六十多歲的無辜老人和一個只有八歲的天真孩子，瞬間也成了張二的斧下亡魂。在接連殺了劉三一家三口後，張二提著血淋淋的斧頭，看著自己沾滿鮮血的雙手，一下子從剛才殺人的衝動中驚醒了，驚慌和恐懼頓時一起湧上身來，「以血還血，以命抵命」，這是他從小就明白的，他知道在殺死別人的同時也把自己的未來斷送掉⋯⋯最後他投案自首了。

釀出這起慘案的原因很簡單，就是一棵樹，一棵並不值多少錢的樹，但就是這一棵樹，卻引起了蝴蝶效應，致使一人成了殺人犯，三人喪失了生命。

鄰居只有一牆之隔，是一種特殊的地緣關係，一旦形成，會保持相當長的穩定性。遠親不如近鄰，有事都先別動氣，試著找找有沒有更好的解決辦法。比如，當事雙方可以坐下來平心靜氣地溝通交流一下，問題也許就解決了。

　　當然，在生活中，由於種種差異，鄰里之間難免會因一些雞毛蒜皮的小事而產生爭執，甚至鬧翻。遇到這種情況，雙方都應表現出以和為貴。俗話說「退一步海闊天空」，其實忍耐是一種禮貌，也是一種道德，更是一種修養，有時甚至牽連著人的生命。當然，不僅是鄰里之間，同事之間、同學之間、朋友之間等，都需要相互忍讓，和睦相處。因為，這不僅是生活安定的重要保證，也是人際關係長遠的根本。

　　對於事理之間，蝴蝶效應的影響是巨大的，對於心理情緒也是如此。

　　有一組漫畫說的是，一個人在公司被主管訓了一頓，心裡很惱火，回家衝妻子發起了脾氣，妻子無緣無故地挨罵，也很生氣，就摔門出去。走在街上，一條擋住了去路，「汪汪」狂吠，妻子更生氣了，就一腳踢過去，小被踢，狂奔到一個老人面前，把老人嚇了一跳。正巧這位老人有心臟病，被突然衝出的小一嚇，當場心臟病發作，不治身亡。在這個老人身上所發生的蝴蝶效應是從「被主管訓了一頓」導致心情不好而引起的。這組漫畫故事告訴我們，情緒不好的時候要控制一下，或者換個發洩方式，否則將可能引發很多意想不到的事情。

注重細節很重要

　　太多的人總不屑一顧小事和細節，太自信於「天生我才必有用，千金散盡還復來」。殊不知，我們大部分時間都在做一些小事，假如每個人都能把自己的小事做成功、做到位，就已經很不簡單了。

　　古人就提倡「天下大事，必作於細；天下難事，必成於易」，「勿以惡小而為之，勿以善小而不為」。無論做人還是做事，都要注重細節，把小事做好做細。

　　從某種意義上說，蝴蝶效應即是細節問題，如果我們平時不

注重細節的話，將會導致整件事情的失敗。

某大型公司準備招聘總經理特助一名，要求既懂業務又頭腦靈活，而且看問題要全面。廣告見報後僅僅一天時間，應聘履歷表便如雪片般地飛來。公司人事經理在斟酌挑選後，幾十人有幸被通知參加筆試。

筆試那天，應聘者們個個躊躇滿志，成竹在胸，都顯出志在必得的信心。很快，考試開始，人事經理把試卷發給每一位考生，只見試卷上的試題是這樣寫的：

綜合能力測驗（限時兩分鐘答完），請認真閱讀試卷。

1. 在試卷的左上角寫上姓名；
2. 寫出三種熱帶植物的名稱；
3. 寫出三座中國歷史文化名城；
4. 寫出三座外國歷史文化名城；
5. 寫出三位中國科學家的姓名；
6. 寫出三位外國科學家的姓名；
7. 寫出三本中國古典文學名著；
8. 寫出三本外國古典文學名著；

……

不少應聘者匆忙瞄了一下試卷，馬上就動筆寫了起來，考場上的空氣都因緊張而顯得有些凝固。

一分鐘，兩分鐘，時間很快就到了，除了有四五個人在規定的時間內答完起身交卷外，絕大多數人都還忙著答題。人事經理宣布考試結束，未按時交卷者一律不予評分。

考場上頓時像炸開的鍋，未交卷的應聘者紛紛抱怨：「時間這麼短，題目又那麼多，怎麼可能按時交卷呢？」「對啊，試題又出得很偏。」

只見人事經理面帶微笑地說：「非常遺憾，雖然在座的各位不能進入本公司接下來的面試，但不妨把你們手上的試卷帶走，做個紀念。再認真看看，或許會對你們今後有所幫助。」言畢，

人事經理很有禮貌地告辭了。

聽完人事經理的話，不少人拿起手中的試卷繼續往下看，只見後面的試題是這樣的：

⋯⋯

14. 寫出三句常用歇後語；

15. 如果閣下看完了題目，請只做第一題。

在上述事例中，公司主要考的是一個人總攬全局的能力，也是在考一個人是否注重細節的問題。

在家庭生活中，細節也很重要。

女人往往對生日及紀念日很重視——為什麼？這永遠是一種女性的神祕。很多男人可以糊塗一生，不記得許多日期，但有幾個日子不可不記：老婆的生日、結婚的年份及日子。切記，不可忘掉任何一個！

在很多婚姻破裂的事例中，並非所有的家庭都是因為一些重大的爭執而過不下去，相反地，常常是因為一些小小的事情。芝加哥一位法官塞巴斯曾接觸過四萬件離婚官司，並調解過兩千對夫妻，他說：「細瑣的事情是多數婚姻不幸的根源。一件簡單的事，如妻子在丈夫早晨出門去工作的時候向他揮手說再見，就能避免許多導致離婚的糾紛。」

終究，婚姻就是一串瑣事。忽略這一事實，將造成家庭生活的災難。在國外某法庭，每星期有六天要審理批准離婚的案件，幾乎每十分鐘一宗。那些婚姻有多少是真正觸礁的呢？極少。如果你能終日坐在那裡，聽那些怨偶們的陳述，你就會知道，很多婚姻是「毀於小小的事」。

所以，一個人要養成重視小事的習慣，從一些小事上，能反映出做事的態度。不要忽略一些不起眼的小細節，有時正是這些小細節，決定一個人的成敗。即使是一個微不足道的動作，也會改變人的一生。

防微杜漸，阻止負面效應發生

　　蝴蝶效應揭示，一些看似極微小的事情卻有可能造成非常嚴重的後果。因此，無論是在政治、軍事，還是商業領域中，如果能做到防微杜漸、亡羊補牢，那麼就算不能完全防止蝴蝶效應的發生，也可以把它的影響降到最低。

　　對個人或組織來說，想做到防微杜漸並不是一件容易的事。由於變化是漸進的，一年一年，一月一月，一日一日，一時一時，一分一分，一秒一秒慢慢改變，猶如從很緩的斜坡走下來，人們很難察覺其遞降的痕跡。

　　正由於這種不知不覺的變化，警覺性不高的人往往很難預防。但越是這樣越可怕，因為它往往被一些不起眼的事物所掩蓋。

　　一個偉大的作家，不一定描述故事的每個細節，但卻把關係到故事結局的小地方描寫得特別生動。一個真正成功的人，不一定關注每個芝麻小事，但絕對特別注意決定勝負的關鍵。那些不屑去關心任何細節的人，往往也不能成就大事。

　　人力資源管理者如果能靈活運用人事上的蝴蝶效應，就能充分調動下屬或人才的積極性，使人盡其才，才盡其能，從而使工作效能達到最優。一個明智的領導人也一定要防微杜漸，否則一些看似極微小的事情卻有可能造成內部的分崩離析，到那時就悔之晚矣。

　　蝴蝶效應在企業管理中的應用既有正向的，又有反向的。如果能積極引導正向作用，則可以達到事半功倍的效果；同時，要及時阻止反向蝴蝶效應的形成，以避免負面效應出現。

文經社

文經文庫 246

打不破的30個人生定律

國家圖書館出版品預行編目資料

打不破的30個人生定律 / 宋學軍著. --
第一版. -- 臺北市：文經社, 2010. 03
面 ； 公分. -- （文經文庫；246）
ISBN 978-957-663-603-5（平裝）
1.管理科學　2.生活指導
494　　　　　　　　　　99002795

著　作　人：宋學軍
發　行　人：趙元美
社　　　長：吳榮斌
企劃編輯：羅煥耿
美術設計：劉玲珠
出　版　者：文經出版社有限公司
登　記　證：新聞局局版台業字第2424號

總社・編輯部
地　　　址：104 台北市建國北路二段66號11樓之一
電　　　話：（02）2517-6688
傳　　　真：（02）2515-3368
E-mail：cosmax.pub@msa.hinet.net

業務部
地　　　址：241 台北縣三重市光復路一段61巷27號11樓A
電　　　話：（02）2278-3158・2278-2563
傳　　　真：（02）2278-3168
E-mail：cosmax27@ms76.hinet.net
郵撥帳號：05088806文經出版社有限公司

新加坡總代理：Novum Organum Publishing House Pte Ltd.
　　　　　　　 TEL: 65-6462-6141
馬來西亞總代理：Novum Organum Publishing House (M) Sdn. Bhd.
　　　　　　　　 TEL: 603-9179-6333
印　刷　所：普林特斯資訊有限公司（02）8226-9696
法律顧問：鄭玉燦律師（02）2915-5229
定　　　價：新台幣 250 元

發　行　日：2010年 3 月 第一版 第 1 刷